U0052230

MARI
DOLL

MARI
DOLL

MARI
DOLL

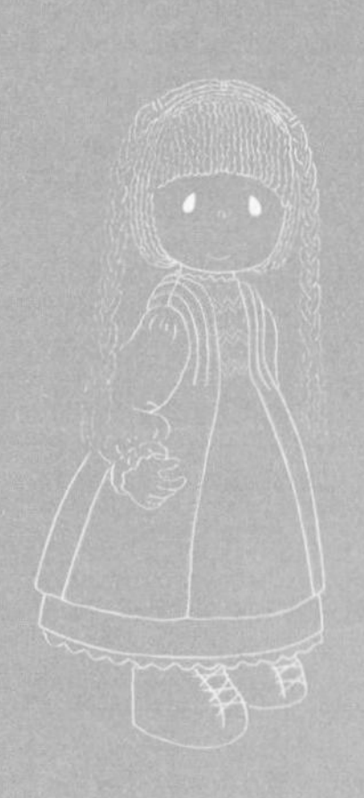

MARI
DOLL

米山MARIの
手縫可愛人形偶

目錄

姿勢人形偶

只要在手腳中放入鐵絲，再擺出各種pose，
如手持花束或編織，
就能創作出表情豐富的人形偶。

帶著花束外出 Annick

手上拿著黃色花束要去哪裡呢？
小心慢走喔，Annick！

作法→P40

認真編織的女孩
Kotona

棒針是外婆送我的禮物。
真想早點學會編織，
在聖誕節將織好的圍巾送給外婆啊！

作法→P36

身材纖細的兩位少女
Armeria（左）
Peppermint（右）

綠意盎然的小徑盡頭，
有座恬靜美麗的大花園。
兩位身材纖細的少女，
在徐徐的和風中相遇。

作法→P43

可抱式人形偶

說到手作人形偶的基本款，
應該就是可抱式人形偶了！
正因為基本，更要仔細地作好每一道工序。

基本款的可抱式人形偶
Sumire

若你是第一次手作人形偶，
建議從Sumire開始。
對新手而言，按部就班，
一步步地記住基礎作法是最重要的喔！

作法→P20

Sumire的朋友
Lilina

雖然身體部分和Sumire相同，
但一換上不同的衣服＆髮型，
氣質就完全不一樣了！

作法→P49

在光線柔和的窗邊
Lavender（左）
Chamomile（右）

展露可愛笑容的Lavender，
喜愛聆聽的Chamomile，
香草姐妹的微笑，讓光與風也放緩了腳步！

作法→P50

咖啡時光的少女

人形偶們彷彿傳遞著無聲的關心：
品嘗一下美味的咖啡與點心吧！
這也是手作人形偶時，重要的放鬆時刻喔！

可抱式人形偶
Madeleine

作法→P47

姿勢人形偶
Mocha（左）
Milk（右）

作法→P48

換裝人形偶

童年幫人形偶換衣服的回憶，
即使長大之後仍深藏心中。
現在就配合季節挑選適合的材料，
享受一下縫製衣服的樂趣吧！

Mion

作法→P31

白色上衣＆粉紅色裙子
作法→P34
水藍色洋裝
作法→P34
黃色連身裙
作法→P33

換上水藍色洋裝

換上黃色連身裙

人形小玩偶

人形小玩偶可以吊在牆面、繫在包包上，
享有不同的裝飾趣味。
以少許的布料就能製作這一點也很吸引人。

花叢中的野餐
Sora（左）
Miyu（中）
Mako（右）

綻放藍色花朵的涼爽季節，
應該會成為美好的回憶。

作法→P53

基本款的可抱式人形偶 Sumire P8

完成尺寸 身長33cm

第一次縫製人形偶的初學者請從準備工具開始著手吧！對針線盒裡原本就有許多現成工具的手作愛好者來說，需要特別準備的應該是「針」。長針（縫棉被針）是製作人形偶基底所不可欠缺的，而幫人形偶穿上衣服或縫製基底等，使用30號縫線時則使用中細針。

此外也請備妥平口螺絲起子，大螺絲起子可用來填塞木絲，小的則用於製作手腳。製作包入鐵絲的人形偶時，則還需要尖錐＆尖嘴鉗。其他必備工具還有：乾後會變透明的工藝用膠、粗齒梳子、漿糊等。

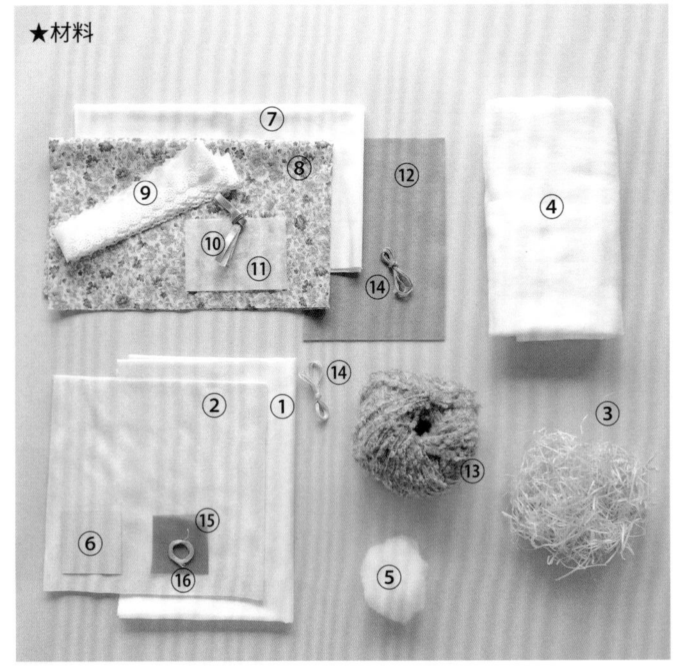

★身體的材料

①白色嫘縈布30cm長×77cm寬 ②平紋針織棉布20cm長×74cm寬 ③木絲約75g ④脫脂棉約75g ⑤化纖棉約6g ⑥厚紙板6cm×6cm

★衣服・頭髮

⑦白色府綢33cm長×84cm寬 ⑧花朵印花布32cm長×108cm寬 ⑨白色棉蕾絲（3cm寬）150cm ⑩緞帶（0.7cm寬）40cm ⑪布襯7cm×10cm ⑫不織布14cm×20cm ⑬圈圈紗（粗）約25g ⑭25號繡線（鞋子・頭髮用）

★臉部

⑮眼睛布 ⑯25號繡線（嘴部用・粉紅色）

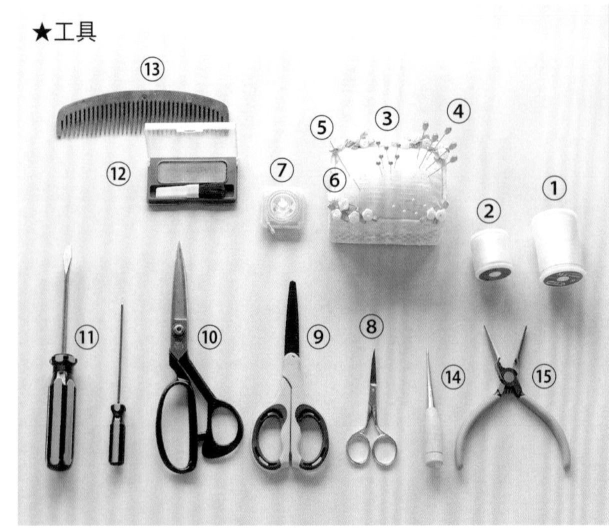

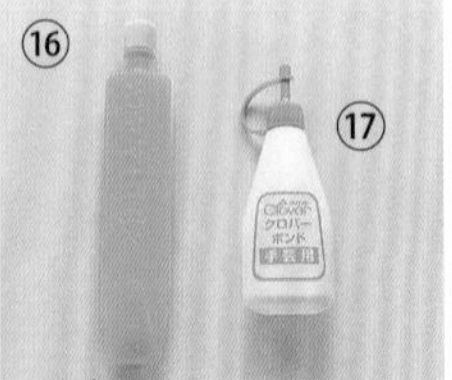

★工具

①8號線 ②30號線 ③珠針 ④長珠針 ⑤縫棉被針（9cm長與6.5cm長） ⑥中號暗縫針 ⑦卷尺（或布尺） ⑧線用剪刀 ⑨紙用剪刀 ⑩布用剪刀 ⑪螺絲起子（金屬部分約10cm長） ⑫胭紅 ⑬梳子 ⑭錐子 ⑮尖嘴鉗 ⑯澱粉漿糊 ⑰手工藝用白膠

縫製頭芯＆身體後，填塞木絲。

★Sumire的紙型參見P30。

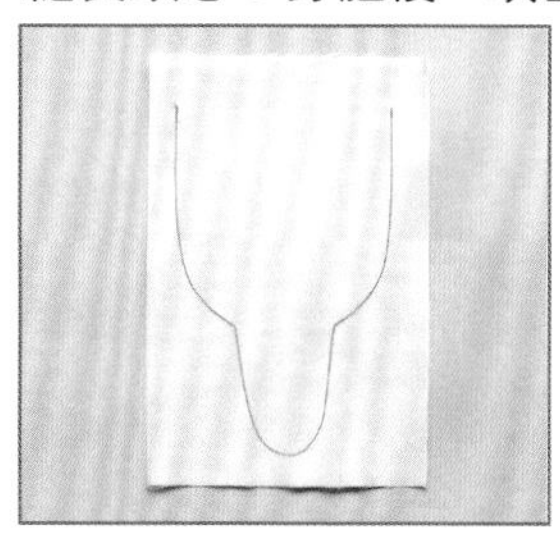

1 以鉛筆在白色媬縈布上複寫頭芯的紙型，預留開口後車縫。

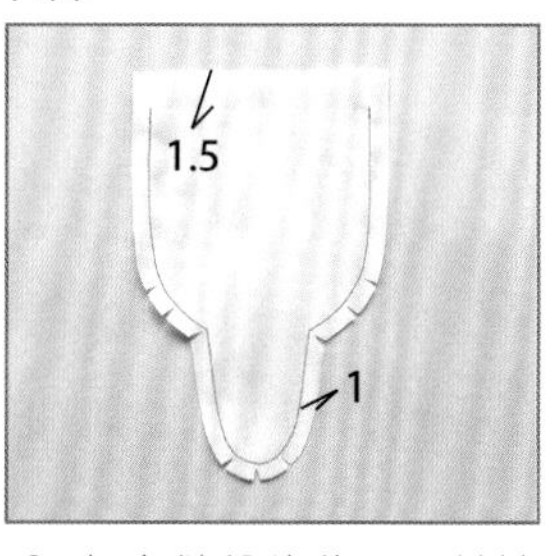

2 加上縫份後裁下，並於曲線處剪牙口，翻回正面。

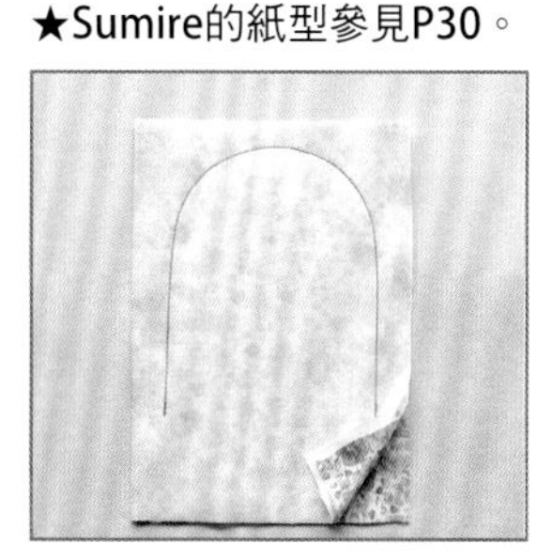

3 身體部分則在白色媬縈布之間夾入正面相對的花朵印花布，預留開口後車縫。

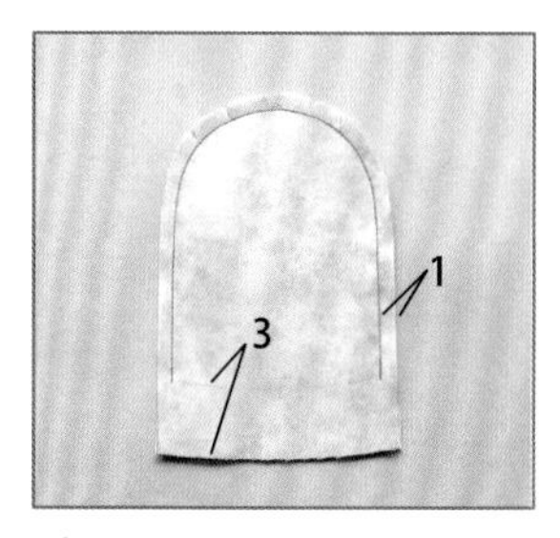

4 加上縫份後裁下，並於曲線處剪牙口，翻回正面。

5 從脖子前端起，將頭芯填入木絲，逐漸塞至鼓起變硬。

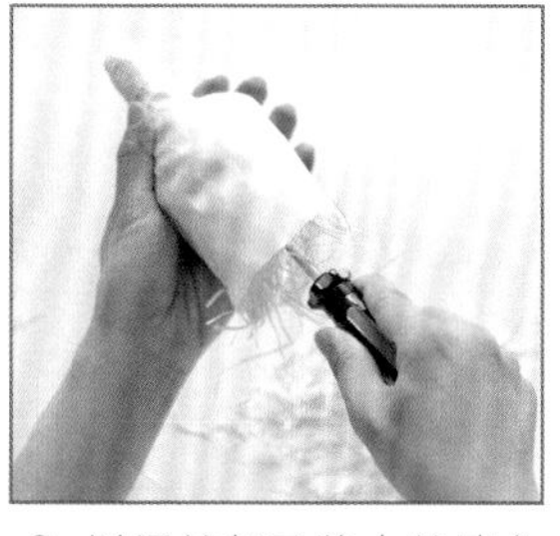

6 以螺絲起子將木絲填充至距開口線略高的位置。

7 取2股8號線，沿開口線進行平針縫。

8 一邊以手指壓住縫份，一邊拉緊縫線。

9 拉緊縫線後打上止縫結，再渡幾次線止縫固定。

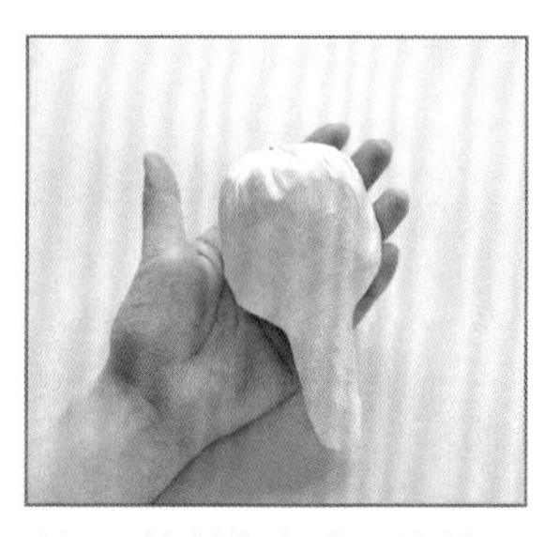

10 頭芯製作完成，這就是臉部的基底。

11 也將身體填充木絲，並沿開口線摺疊縫份，再以珠針暫時固定。

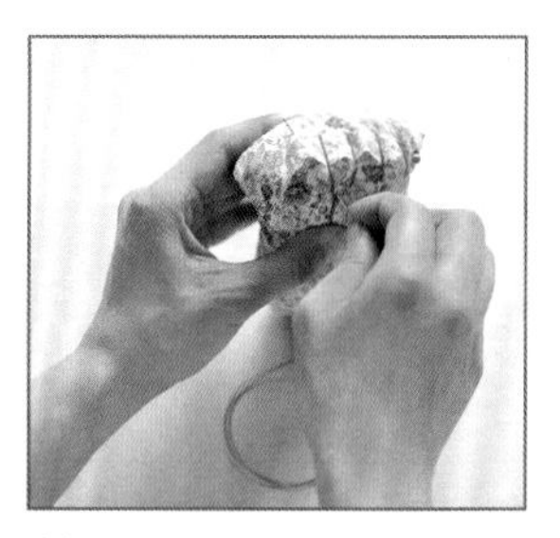

12 取2股8號線，以粗大針目手縫固定。

關於線

8號線與30號線是縫製人形偶所使用的線。8號線粗且堅固，最適合想要縫牢固定時使用。30號線則適用於細部縫合或為人形偶穿上衣服時。若手邊無8號線，以30號線代替亦可。至於縫製頭芯＆身體等時，則使用60號線。本書示範為方便理解而使用紅色線，實際製作時請以白色線進行縫製。

製作如Sumire與人形小玩偶等，身體使用與衣服相同布料的作品時，就以與衣服同色系的60號縫線進行縫製。

始縫＆止縫務必要進行回針縫喔！

關於平紋針織棉布＆白色媬縈布

平紋針織棉布是作為臉部＆手腳的皮膚布。因為具有彈性，製作手腳等要填入填充物的部位時，需與白色媬縈布重疊縫合。

白色媬縈布薄且滑，可作為頭芯、身體及手腳的裡布。若是手邊無法取得，可以以薄棉布代替。

關於填充物

木絲是刨削木頭而成的絲狀物，可於手工藝材料行購得，有各式各樣的質感，書中標示的分量僅為參考基準。手腳前端＆人形小玩偶的身體則是填充化纖棉。

★棉花的尺寸

（下巴）

18

18

外側的棉片

18

42

下巴內層的棉片

（額頭）

18

18

外側的棉片

18

28

額頭內層的棉片

（覆蓋整體的棉片）

18

18

本書使用的脫脂棉厚約0.5cm。

在臉部覆蓋棉片

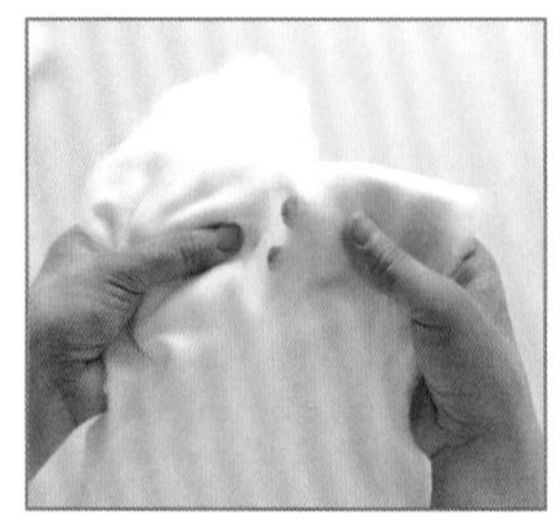

1 參照上圖準備臉部所需的脫脂棉片。將內層用的棉片皆縱向分成4等分。

2 再將下巴內層的棉片撕成6等分，額頭內層的棉片撕成4等分。

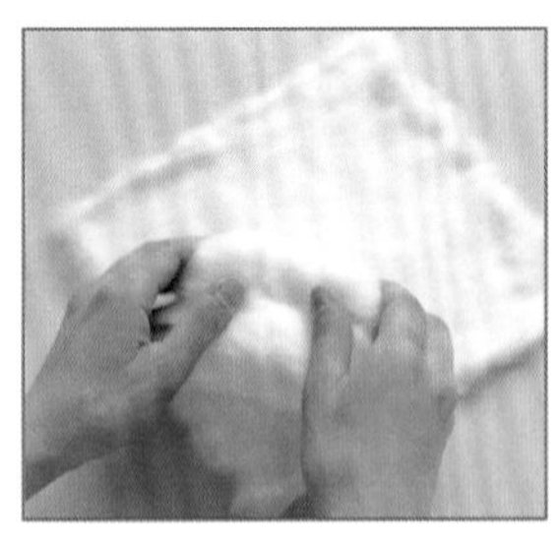

3 接著斜向平放外側棉片，疊放上撕開的內層棉片。

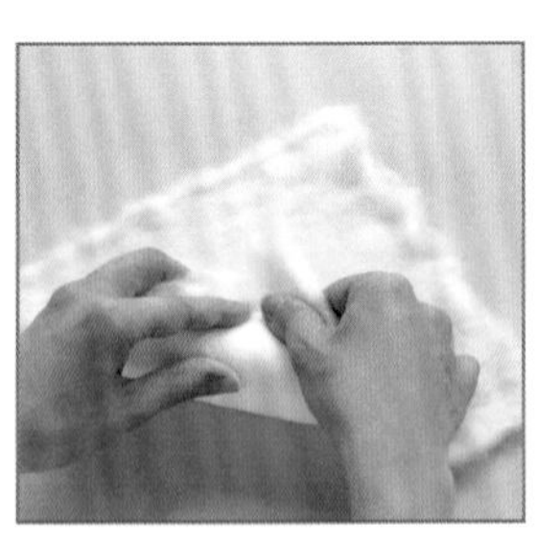

4 以外側棉片將當作芯的內層棉片捲覆起來。

5 捲覆完成。

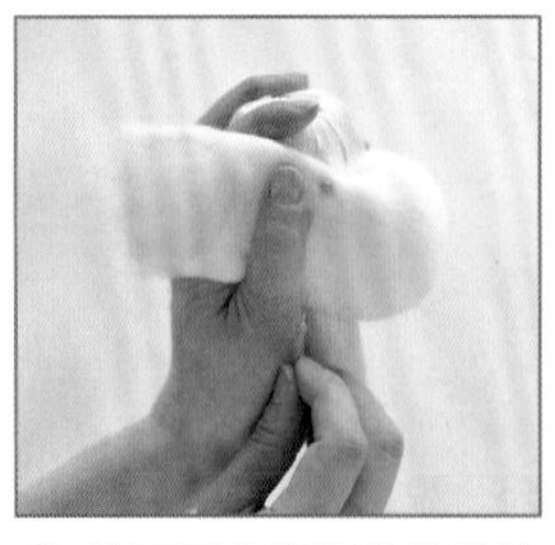

6 將下巴的脫脂棉片裝接在頭芯上。

7 以珠針確實固定左右兩邊，漂亮地整理出下巴的形狀。

在裁剪臉部的脫脂棉片時，不用剪刀而以手撕。捲覆的大小會因脫脂棉片的厚度與捲時的力道而有所差異，製作時請視狀況調整下巴&額頭的內層棉花分量。

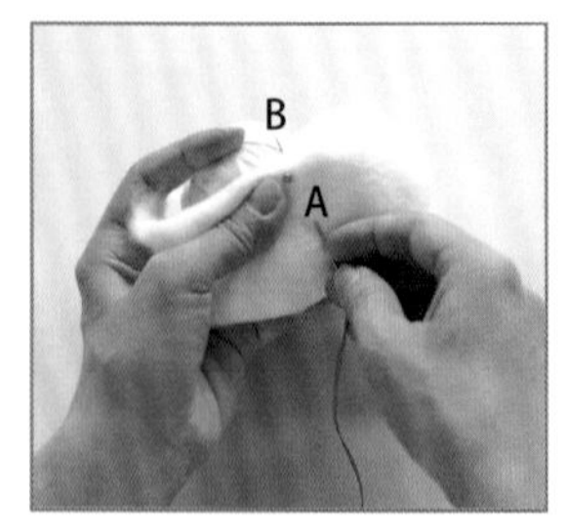

8 取2股8號線穿針，從暫時固定的兩根珠針中間，由A朝B的方向將針拔出。

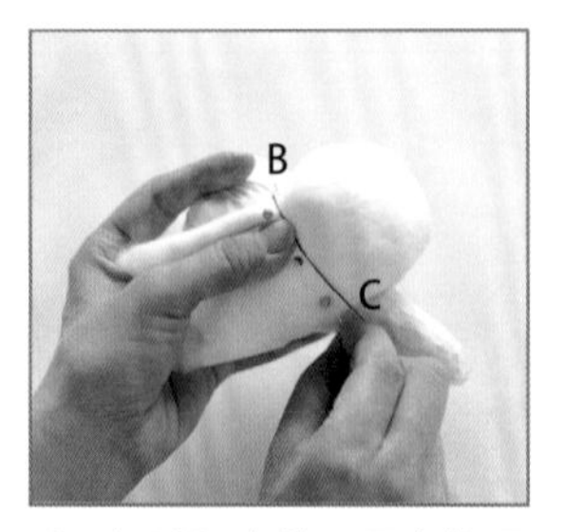

9 由C朝B出針，用力拉緊縫線。

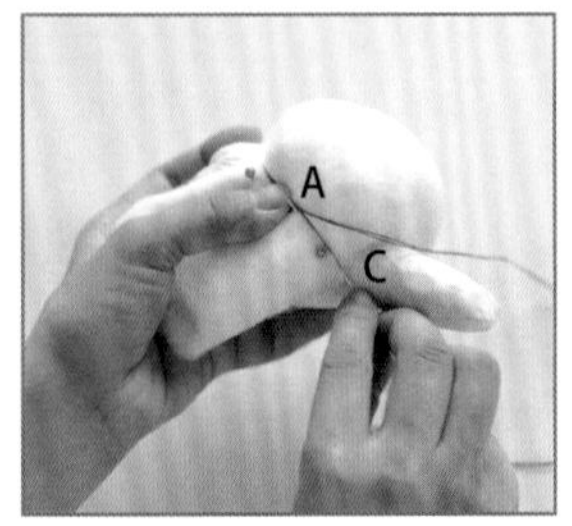

10 由C朝A出針，再次用力拉緊縫線。

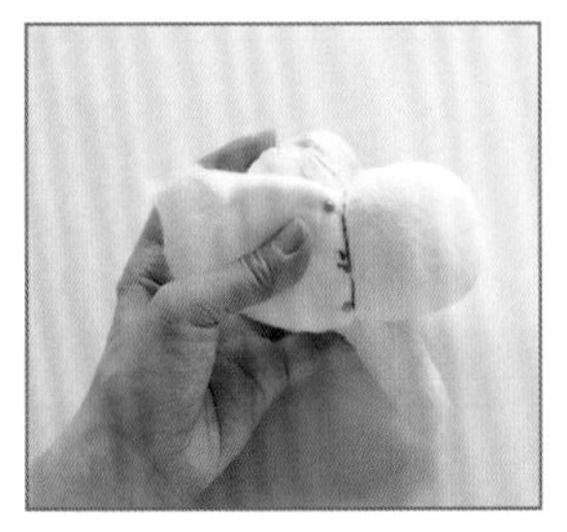

11 打上止縫結，下巴就縫牢固定了！接著取下珠針。

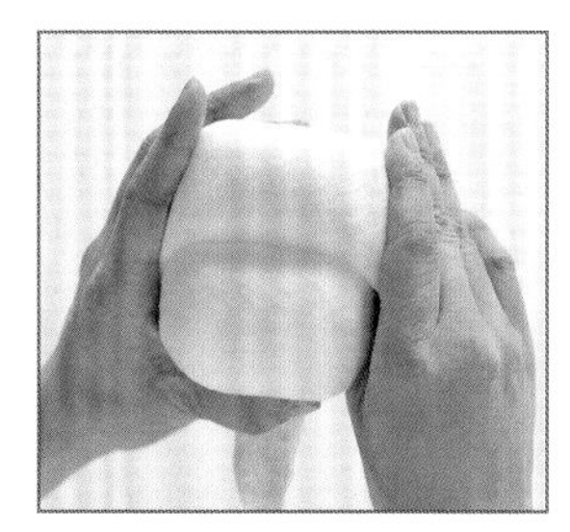

12 繼續裝接額頭。

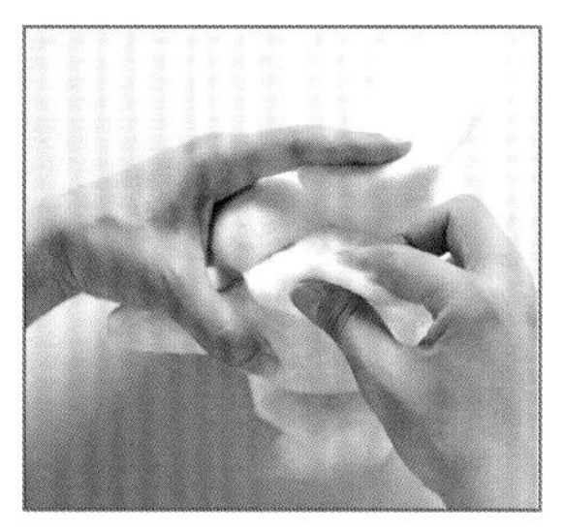

13 臉部橫放，內摺下巴&額頭的脱脂棉片兩端。

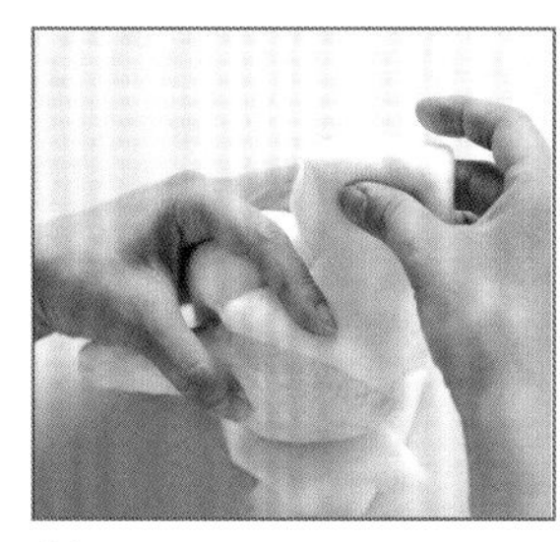

14 先反摺下巴多餘的脱脂棉片，再反摺額頭多餘的脱脂棉片。

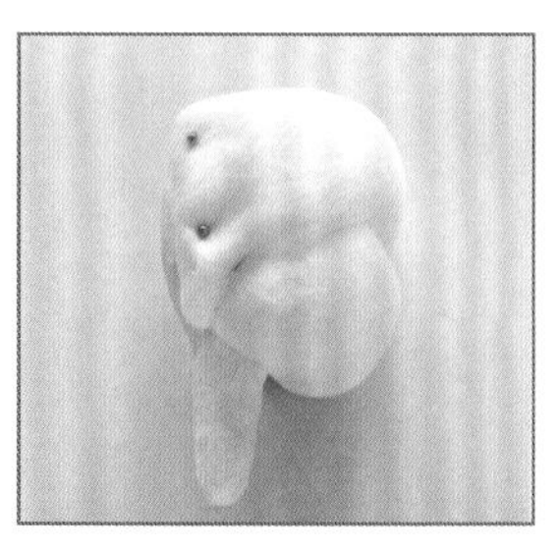

15 調整好額頭的形狀，以珠針暫時固定。

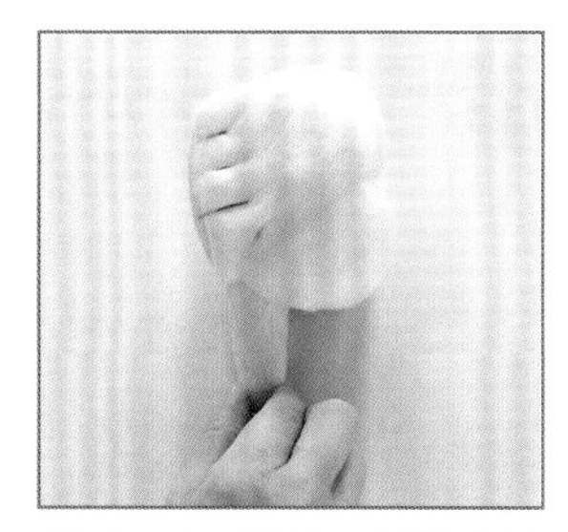

16 取2股8號線，以粗大針目手縫固定。

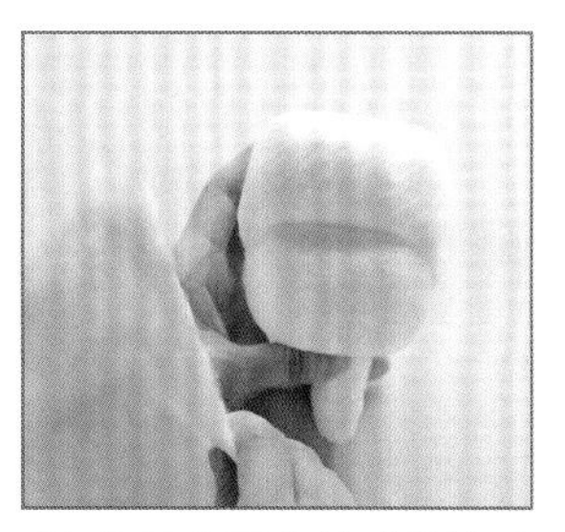

17 將用來覆蓋整體的棉片斜放於臉部上。

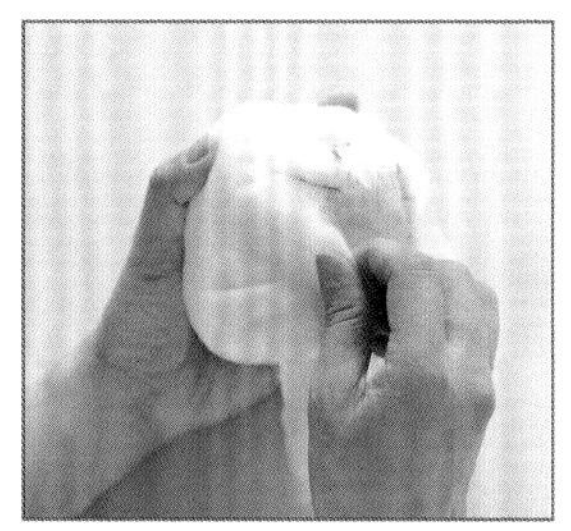

18 先包覆臉部正面，再以手撕去頭部後方多餘的棉片。

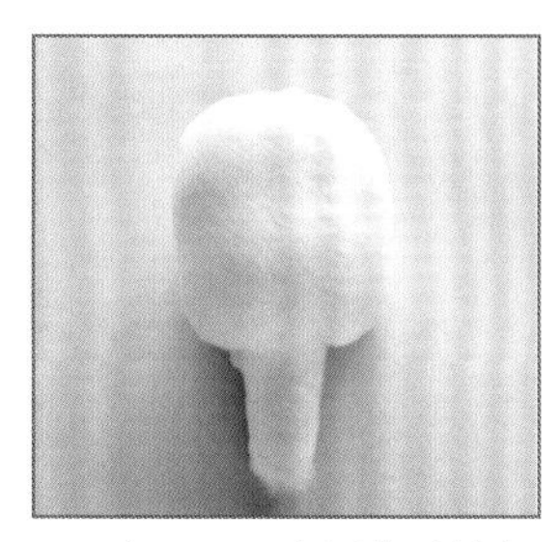

19 脖子四周也以棉片捲起來，將整個臉部漂亮地包覆上棉片。

包覆臉部用布

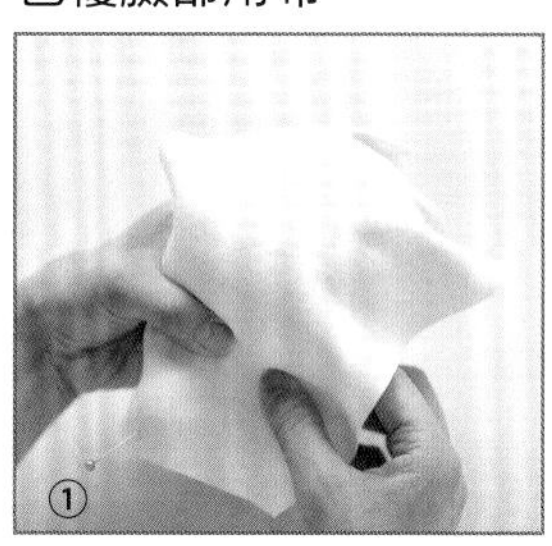

1 以平紋針織棉布（20cm長×16cm寬）覆蓋臉部，再以珠針固定於脖下①的位置。

2 兩手將布往左右兩邊拉開，服貼&呈現出下巴的形狀。

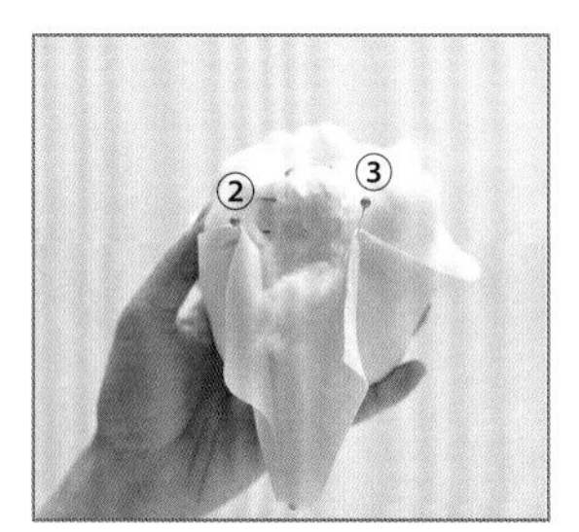

3 用力將布往上提，以珠針固定於後側②、③的位置。

4 將上方兩端的布各自朝中間擰轉。

5 以珠針固定於④、⑤的位置。

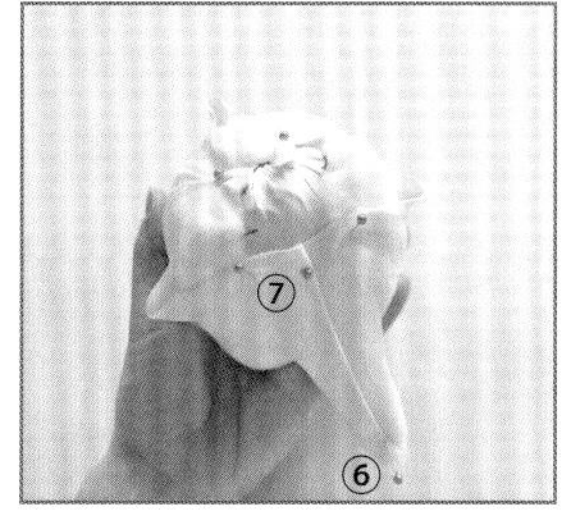

6 內摺脖子後方多餘的布，以珠針固定於⑥、⑦的位置。

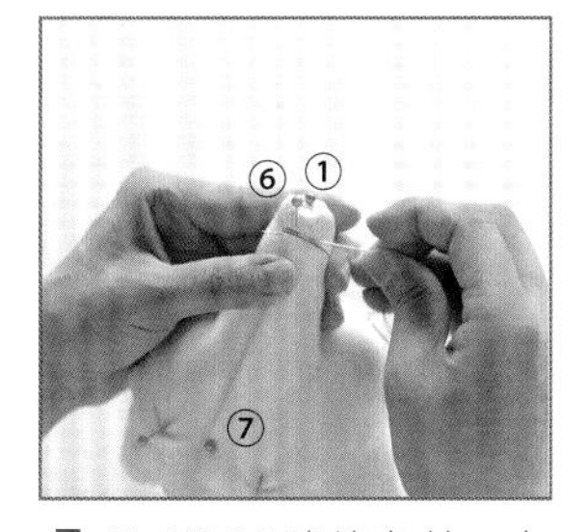

7 取1股30號線穿針，在①、⑥、⑦處分別穿過芯縫牢固定，⑥至⑦之間則僅挑布縫合固定。

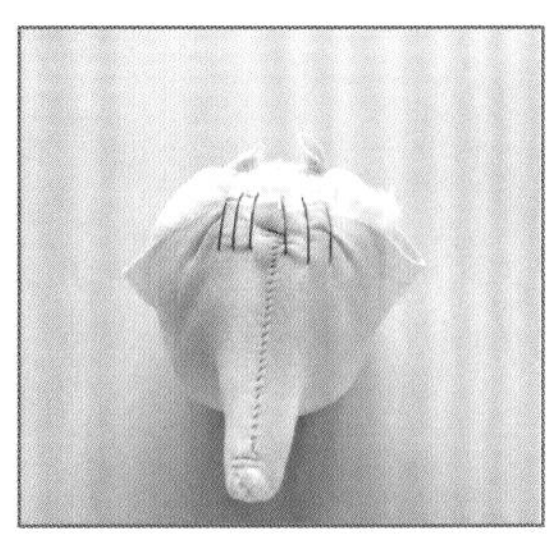

8 取2股8號線，以粗大針目將布如往上提拉般地手縫固定於②至③之間。

9 接著在④、⑤處分別穿過芯縫牢固定。

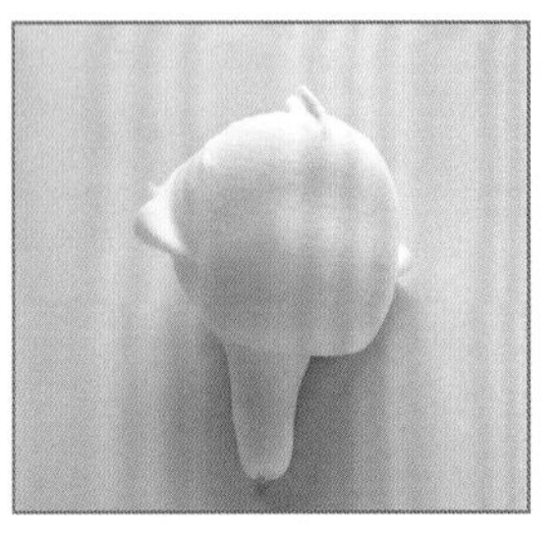

10 臉部完成！

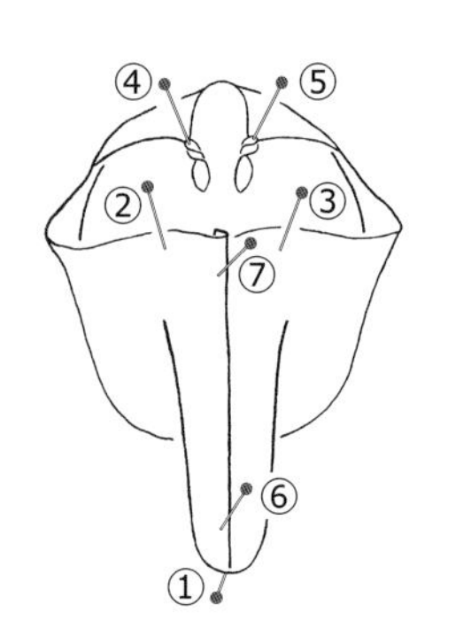

固定臉部用布的示意圖

POINT

雖然平紋針織棉布有伸縮性，但僅限固定②、③時適合用力拉，其他部分只要調整出漂亮形狀即可，不要過度地拉扯。拉布時的力道也是製作上的重點之一喔！④、⑤的布端在之後製作鼻子時另有用處。

製作手腳

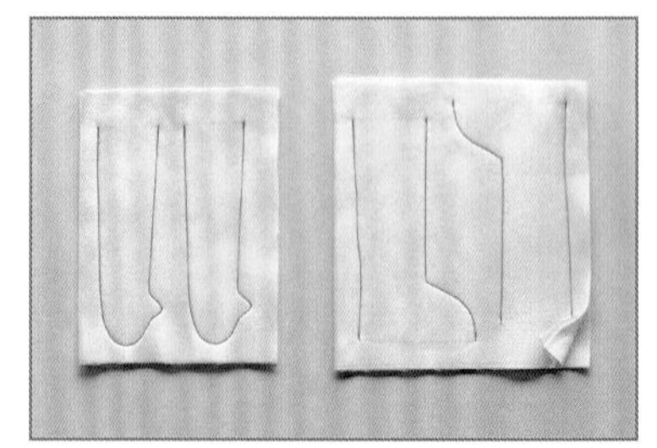

1 在依紙型描畫好的白色嫘縈布之間夾入平紋針織棉布，縫製手腳。

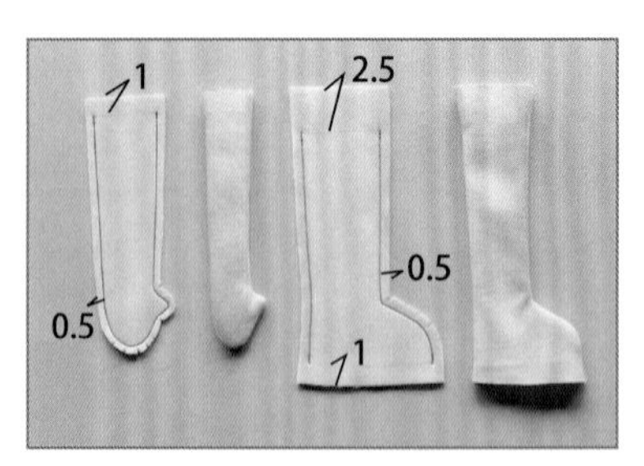

2 加上縫份後裁下，並於曲線處剪牙口，再翻回正面。

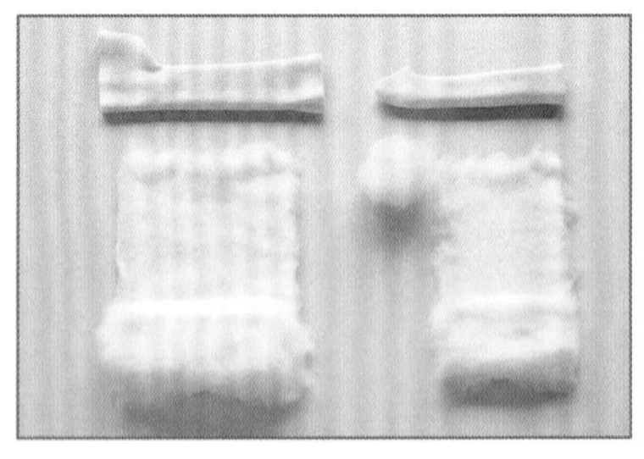

3 將脫脂棉片捲好後填入手腳內。手部前端另需填填入化纖棉。

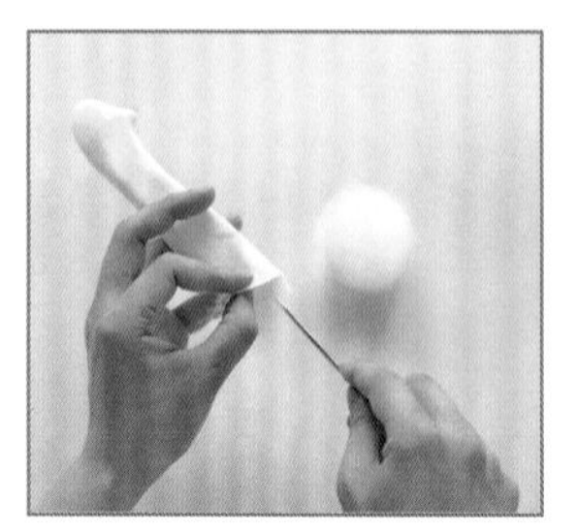

4 以螺絲起子將手部前端的填入化纖棉，作成蓬鬆狀。

5 將脫脂棉片裁成長方形，疊上當成芯的棉片後捲覆起來。

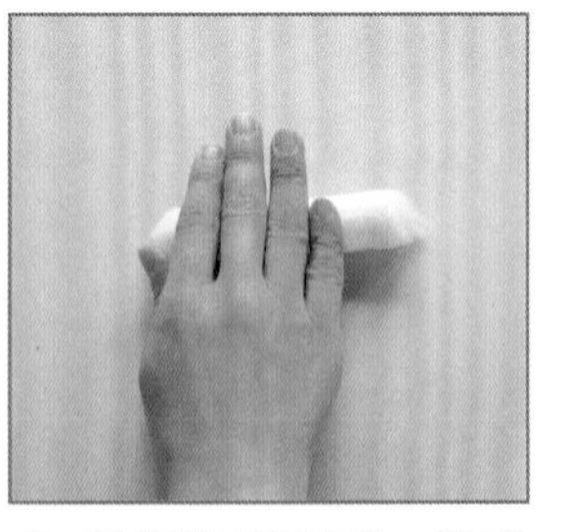

6 捲好後來回滾動，整理形狀。

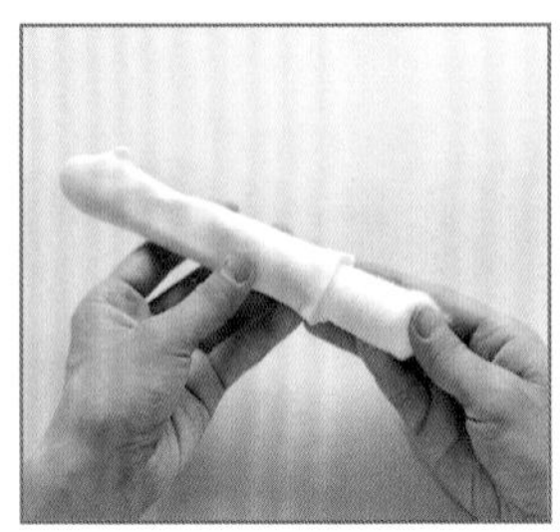

7 試著套入手中。若尺寸不合，可再增減棉片分量，重新捲一遍。

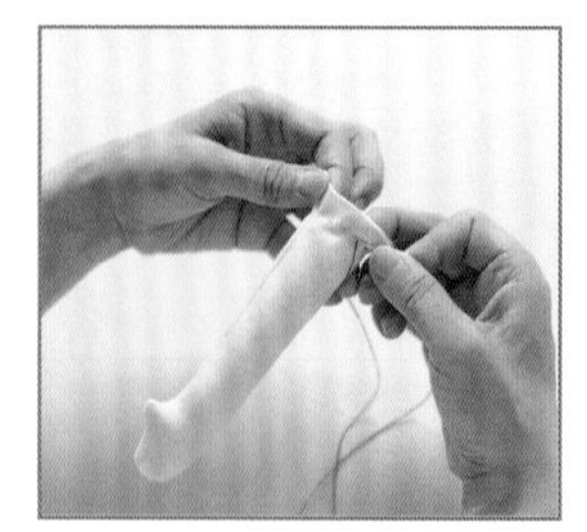

8 取2股30號線沿開口線進行平針縫，並將縫份摺向內側。

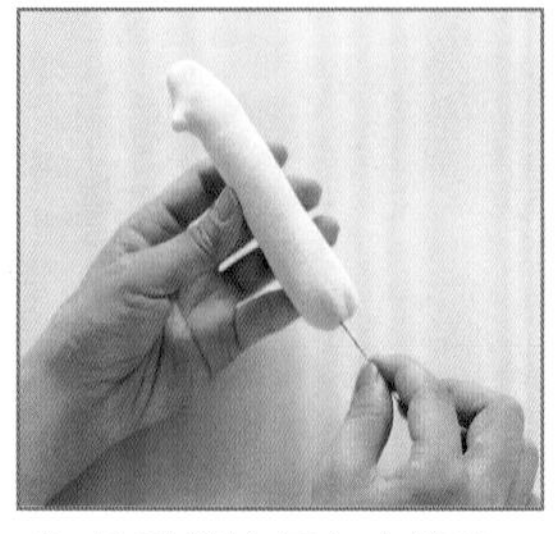

9 拉緊縫線打上止縫結，再渡幾次線加強固定。

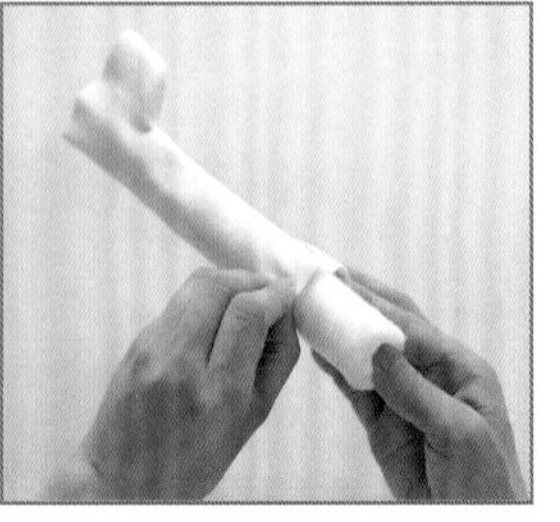

10 填入捲成腳部長度的棉片。

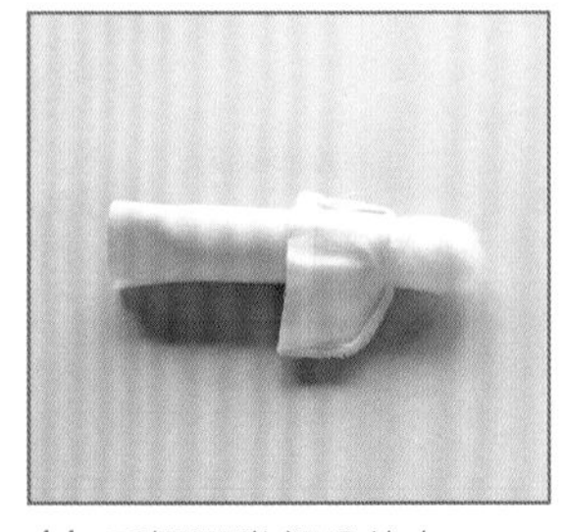

11 反摺腳掌部分的布。

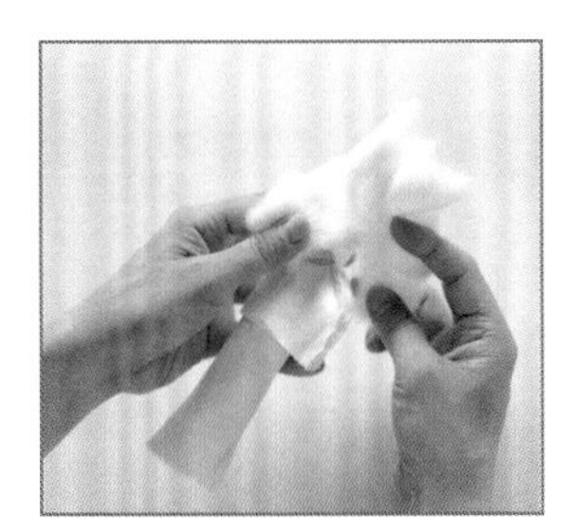

12 重疊兩片比腳掌稍大的脫脂棉片，撕成兩半，將腳踝部分包捲起來。

13 將捲覆的棉片重疊接合於腳踝後側。

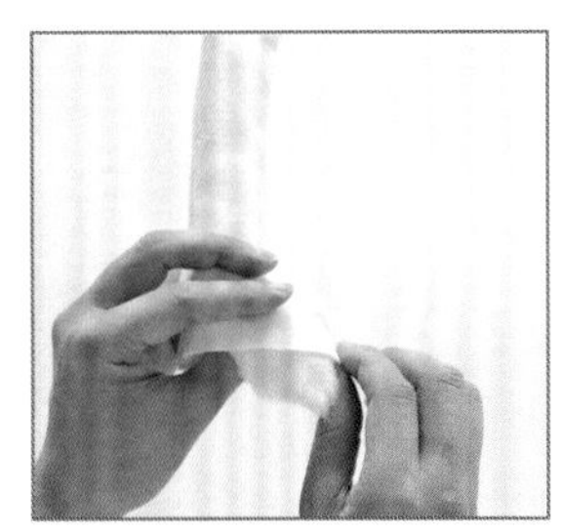

14 回摺腳掌用布，填入撕成小片的脫脂棉片，作出腳掌的形狀。

15 將棉花填塞至開口線的高度，接著填入厚紙板&以珠針固定前後端。

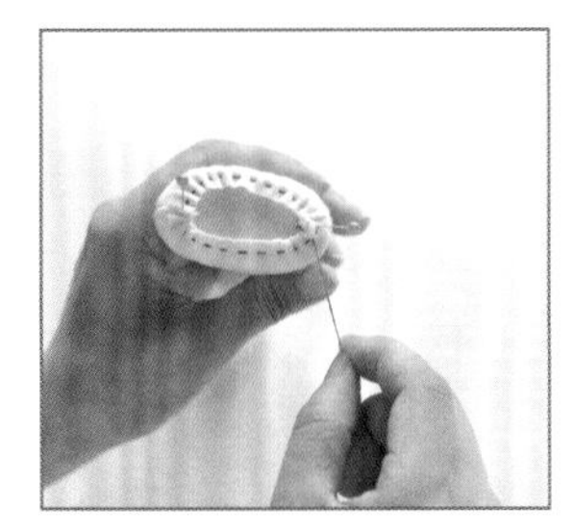

16 將白色嫘縈布&平紋針織棉布的縫份重疊，取2股30號線進行平針縫。

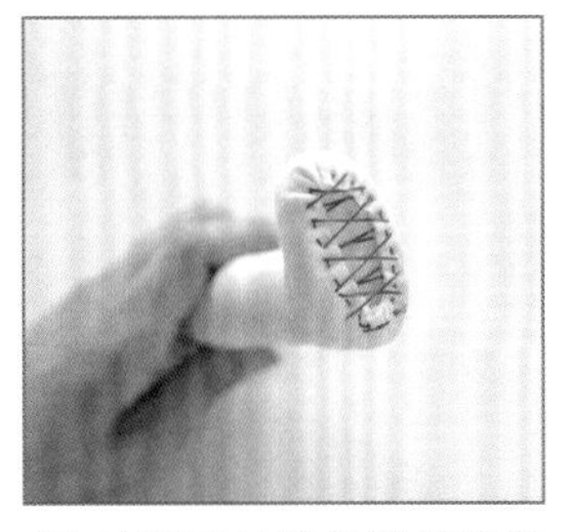

17 拉緊平針縫的縫線後打上止縫結，再於縫份處渡線固定。

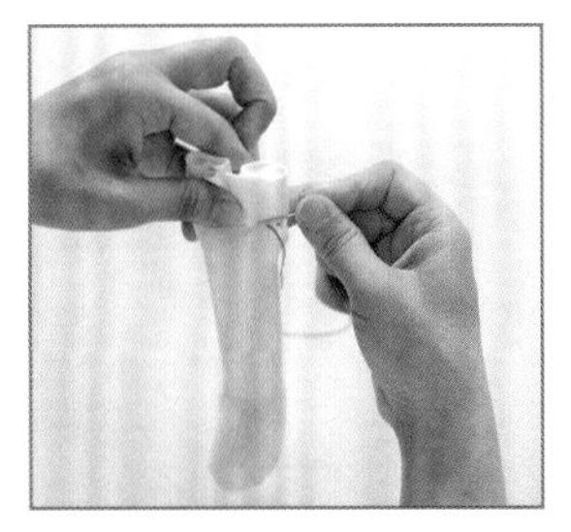

18 為了讓腳部的針腳集中於中間，確實重疊縫份&沿開口畫線後，再進行平針縫。

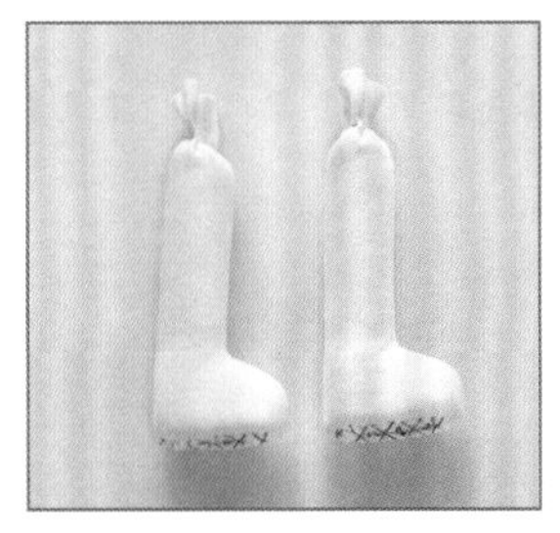

19 拉緊縫線打上止縫結，腳部完成！

組裝身體

1 以布用剪刀將身體剪開切口，再以刀尖開洞以便插入脖子。

2 開好適當的洞孔後將脖子填入。

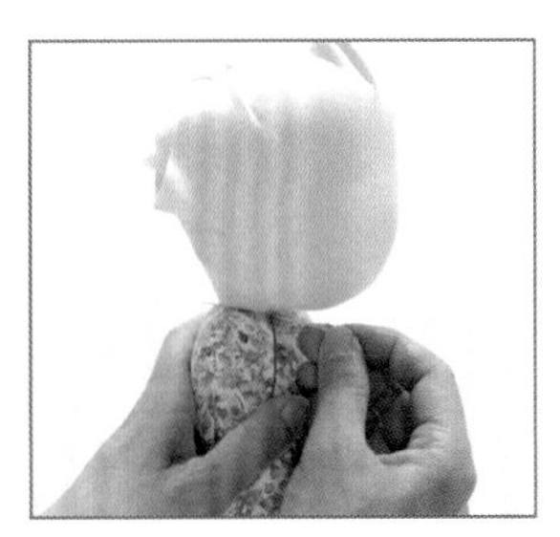

3 取2股30號線，穿縫過脖芯，繞縫數圈固定。

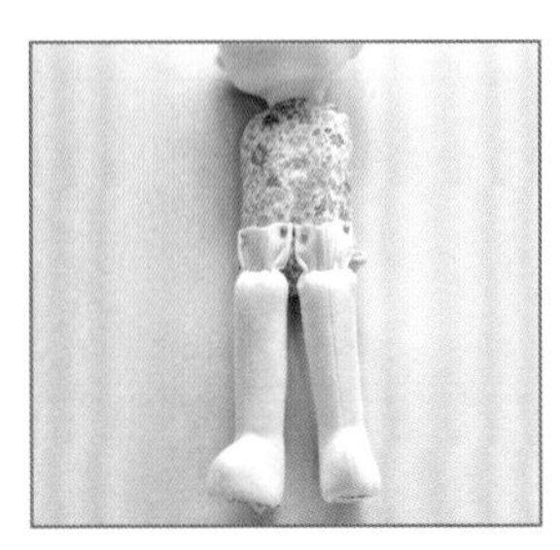

4 以珠針暫時固定腳部。

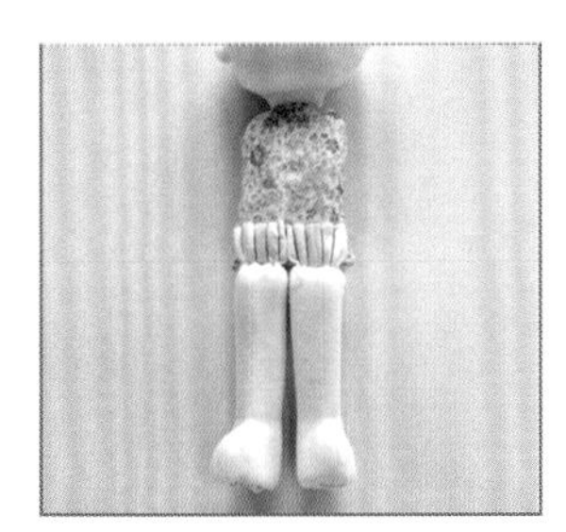

5 取2股8號線，以粗大針目縱向縫合固定。

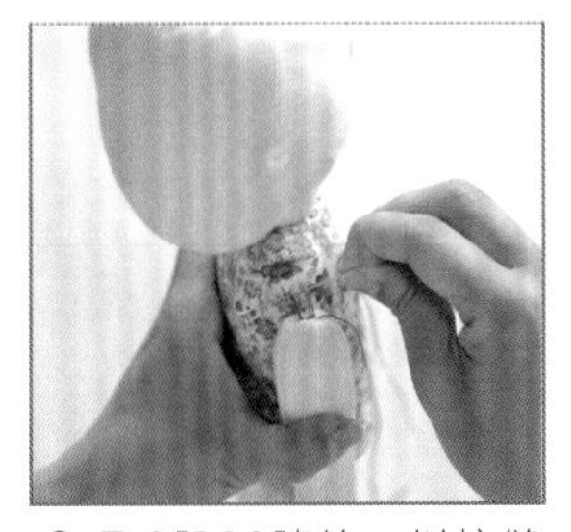

6 取2股30號線，以接縫下半身的要領接縫手部。

7 縫畢後將線穿出手部，打止縫結。

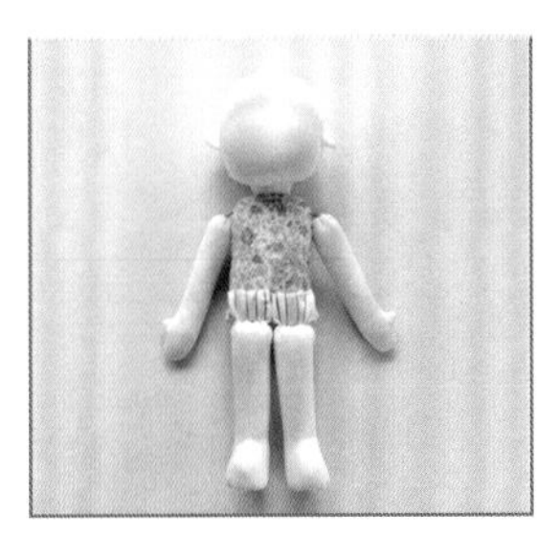

8 身體組裝完成！

縫上衣服

★衣服的作法在P29。

1 取2股30號線，在距褲襬1cm處以平針縫縫上褲子。

2 如圖所示般地反穿於腳部，並拉緊縫線打上止縫結。

3 翻回正面，內摺腰部的縫份後進行平針縫。

4 拉緊縫線打上止縫結，縫固定於身體。

5 襯裙同樣取2股30號線進行平針縫，再拉緊縫線打上止縫結。

6 依同樣作法縫上裙子。

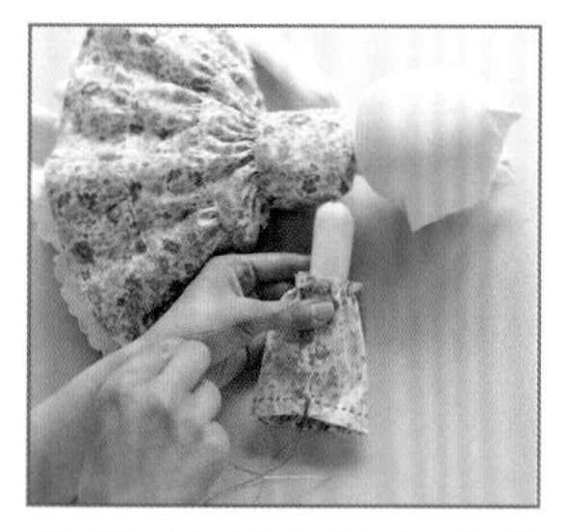

7 將袖子翻至背面穿入手部，拉緊袖口的平針縫縫線＆打上止縫結。

8 翻回正面，將袖山的縫份內摺，再拉緊線打上止縫結。

9 在袖子＆身體間交替挑縫固定。

10 重點在於使袖子自然地蓬起固定。

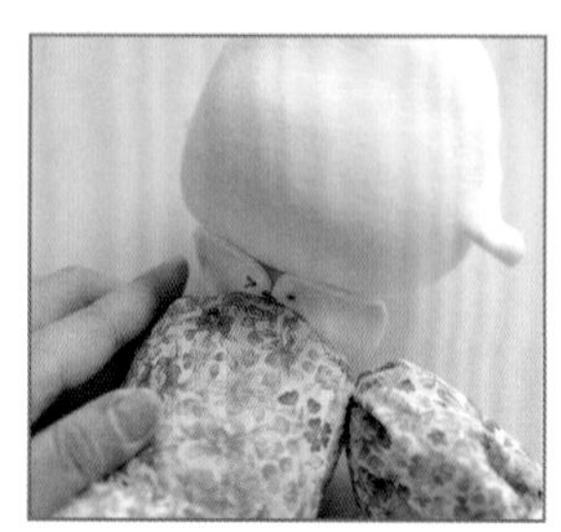

11 在正面對合＆疊上領片，自裡側接縫固定。

12 縫上鞋子，並以白膠將襯裙＆裙子黏貼固定在身體上。

關於布

人形偶的衣服幾乎都是直線裁、直線縫，即使不擅長裁縫也OK。印花布的布寬因布而異，若寬度偏窄，有時會無法依照裁布圖裁剪，所以要先確認布寬，並視需要在裁布的方式上多費點心思。從花朵印花布、細麻布等薄布到鄉村風的稍厚布，素材種類繁多。如Sumire的衣服設計般有著許多抓皺，或身體較纖細的人形偶，建議使用中至薄的布料，就可以縫出漂亮的衣服囉！

製作衣服時的巧思

蕾絲、織帶或蕾絲花片等，都是常用於衣服上的裝飾。除此之外，本書還會用到刺繡，或依喜好加入編織、拼布等也十分有趣。請發揮自己的獨特手藝，作出美麗的衣服吧！

固定毛線的工具

在止縫當成頭髮的毛線時，如果是極細毛線，就直接以同款的毛線縫牢。若是粗毛線或圈圈紗等，則以同色系的其他毛線縫牢。只要顏色相近，30號線、繡線或毛線任一種均可使用；但考量堅固度，不建議使用車縫線。因為繡線的顏色豐富又容易配色，我常以4股25號繡線進行固定。

漿糊、梳子、長珠針

市售的漿糊種類繁多，黏貼頭髮的毛線時，選用澱粉漿糊（管狀型）即可。圈圈紗可以手指梳理，但中細＆極細毛線則需要使用粗齒梳子。

長珠針則是為人形偶縫上頭髮時的好幫手，因為能牢牢固定，製作大型人形偶的基底時幫助很大喔！

縫上頭髮

1 在縫上頭髮之前，先剪下稍後將用來製作鼻子的皮膚布。

2 頭頂插上兩根長珠針，將80根50cm長的圈圈紗覆蓋於珠針間的頭頂。

3 將縫棉被針穿入同色系的繡線，從後面長珠針的位置出針。

4 從前面長珠針的位置入針，穿過頭芯將毛線縫牢固定。

5 拉緊繡線打上止縫結。

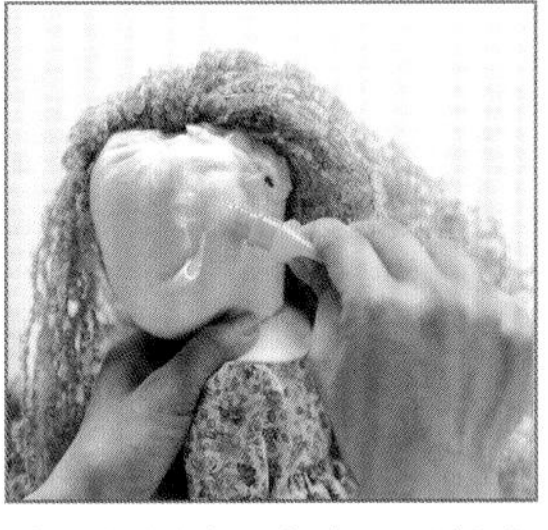

6 將後側兩邊的頭髮撥向後方中央，以漿糊黏貼固定。

7 輕輕擰轉前側的12根毛線。

8 以長珠針固定出線條柔和的中分髮型。

9 整理髮型＆縫牢固定於兩旁。

10 將額頭附近的頭髮以漿糊黏貼固定。

11 依喜好修剪長度，完成！

POINT

由於漿糊乾燥速度較慢，即使是已經貼上的毛線仍來得及稍作調整。全部安置完成後，請再次檢視整體的平衡感＆梳理一下髮流，並依喜好修剪長度，但建議大致保留在腰部附近。

在最後修飾之前

最後只要加上表情就大功告成了！但此時整理心情是很重要的。挑選一個輕鬆、平靜的時刻與人形偶面對面，進行最後的修飾工作吧！

關於眼睛

挑選薄且不易綻線的布，以銳利好用的剪刀剪出造型。很難將兩眼剪得一樣大時就多剪幾次，一定能從中挑出大小最接近的。

臉部的修飾

在繡縫嘴巴時，請溫柔地對待臉部；過度用力出針、手指緊壓臉部棉花，都將會導致作品變形。腮紅建議使用橘色系，淡淡地刷上顏色即可。

為臉部加上表情

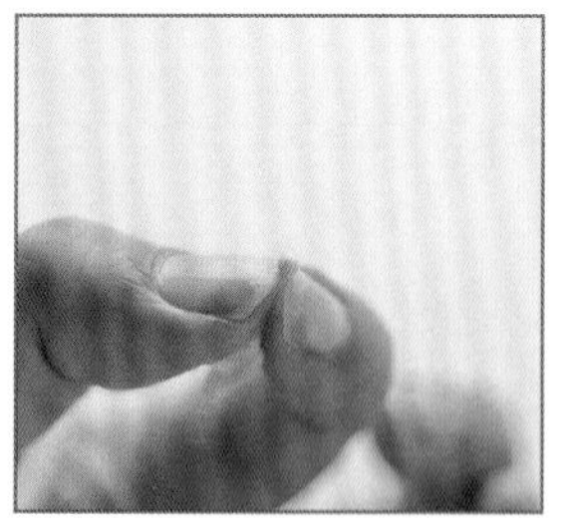

1 以指尖將預計填入鼻內的脫脂棉片搓成球狀。

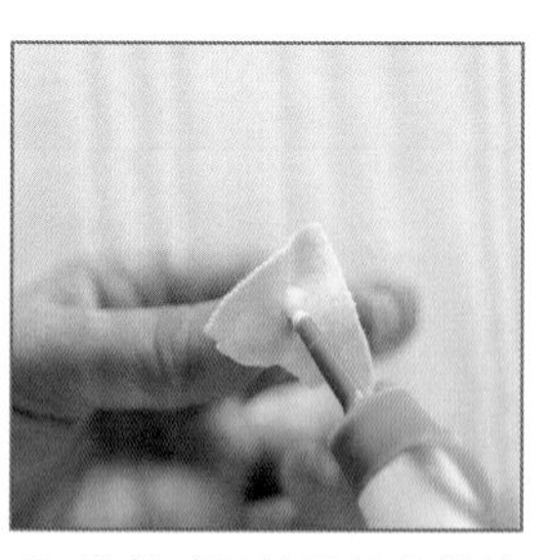

2 將棉球置於平紋針織棉布上＆塗抹上白膠。

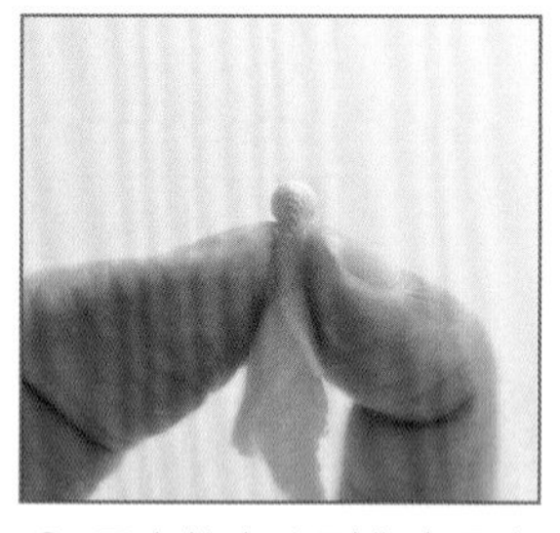

3 用力拉布直到作出漂亮的圓球。

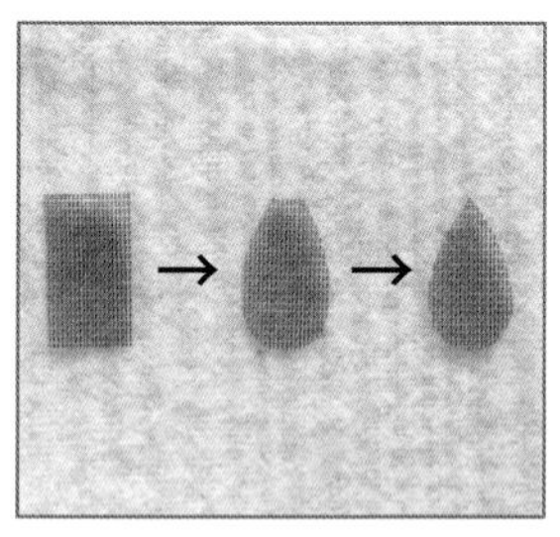

4 以圖示的大小為基準，慢慢地修剪出眼睛的形狀。

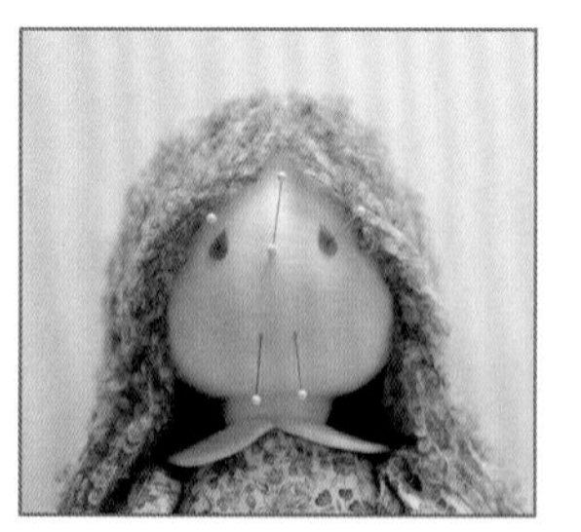

5 一邊檢視眼、口、鼻的平衡，一邊加上表情，以白膠黏上眼眼＆鼻子。

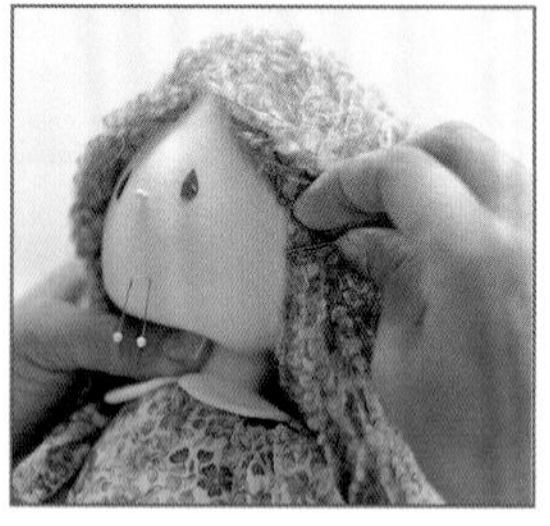

6 將縫棉被針穿入3股繡線，由臉部側邊入針，在靠近身前的第一根珠針位置出針。

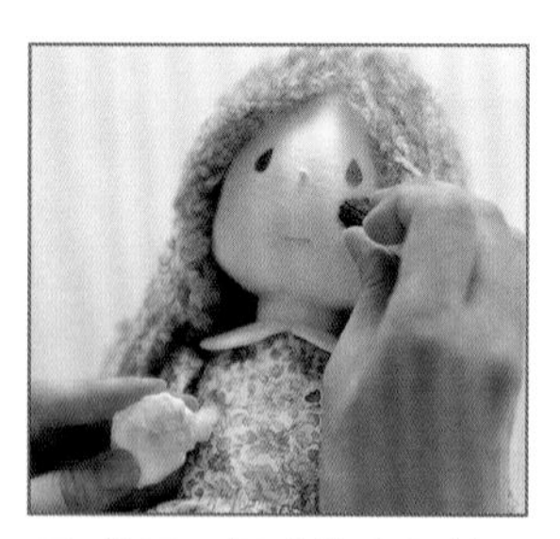

7 從另一根珠針處入針，再臉部另一側邊將針抽出，打上止縫結，完成嘴部。再刷上腮紅。

8 將作好的帽子戴上。

9 完成！將滿是荷葉邊的裙子蓬鬆地展開。

★衣服的作法

（白色府綢）

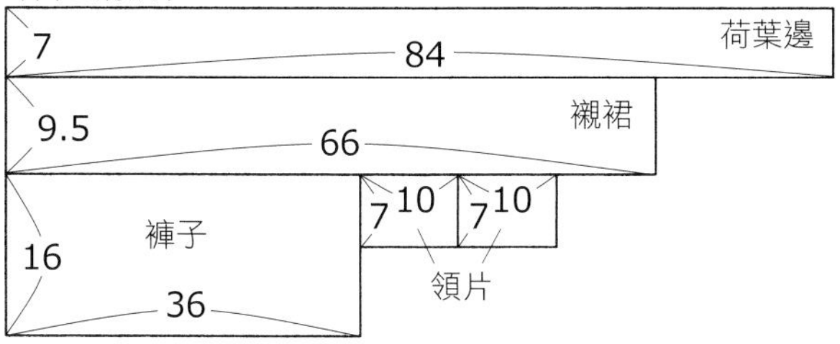

荷葉邊 7 84
襯裙 9.5 66
褲子 16 36
領片 7 10 7 10

（花朵印花布）

中裙片 7 66
上裙片 6 42
下裙片 7 84
帽簷 8 40
帽子 14 28
袖子 10 18
袖子 10 18

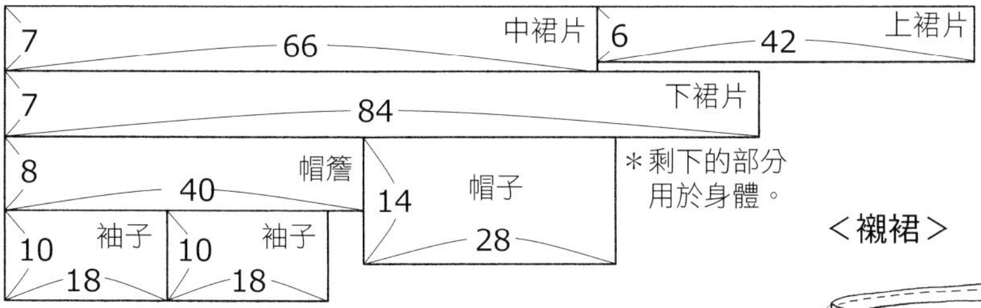

＊剩下的部分用於身體。

＜裙子＞

①將上中下的裙片各自縫成輪狀。

②下襬三摺1cm後車縫。

③將中裙片的下襬內摺1cm，再將②的上邊抽細褶＆與其接縫。

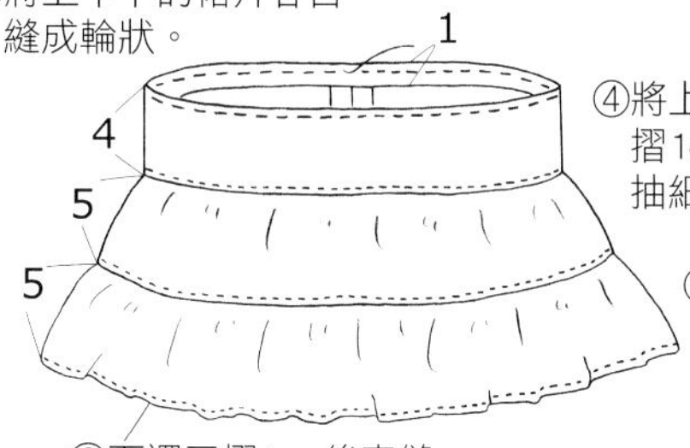

④將上裙片的下襬內摺1cm，再將③上邊抽細褶＆與其接縫。

⑤內摺1cm進行平針縫。

4 5 5 1

＜帽子＞

①帽簷摺兩褶，疊上40cm長的蕾絲，如圖所示進行縮縫。

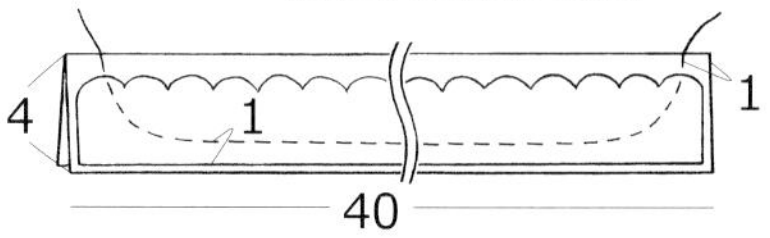

4 1 1 40

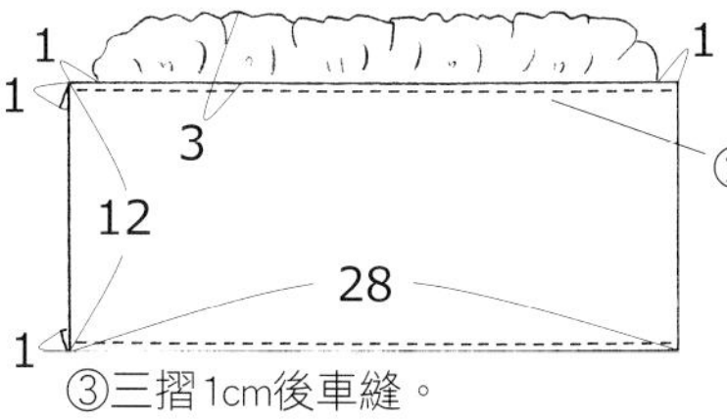

＊兩端預留1cm的邊距。

②帽子的布端內摺1cm後，縮縫①＆與其接縫。

③三摺1cm後車縫。

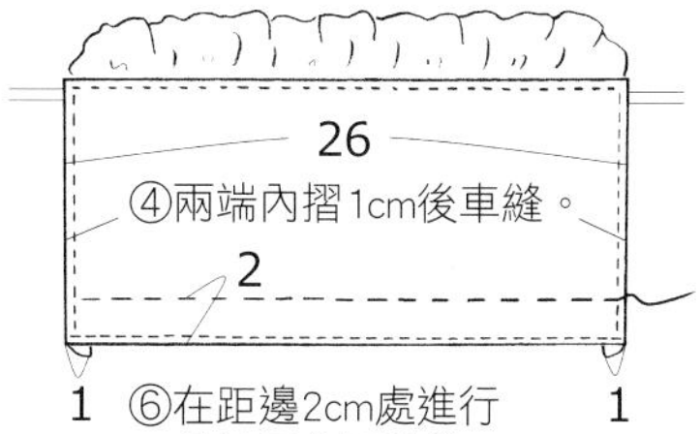

1 1 1 3 12 28 1

④兩端內摺1cm後車縫。

⑤車縫固定20cm長的緞帶。

⑥在距邊2cm處進行粗針目的平針縫。

⑦拉緊平針縫的縫線，打上止縫結。

26 2 1 1

★衣服的作法

●本書的裁布圖皆已包含縫份。除了特別指定之外，縫份一律為1cm。

●以平針縫縫上衣服時，使用與衣服同色系的線（30至60號）2股。

＜褲子＞

①縫合脇邊。

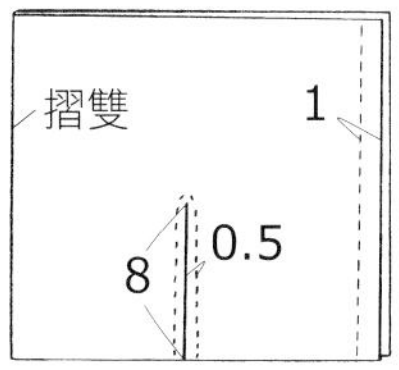

②縫出股下後剪切口。

摺雙 1 8 0.5

＜襯裙＞

①將荷葉邊的下襬內摺1cm，再將110cm長的蕾絲邊抽細褶＆與其接縫。

②將①縫成輪狀。

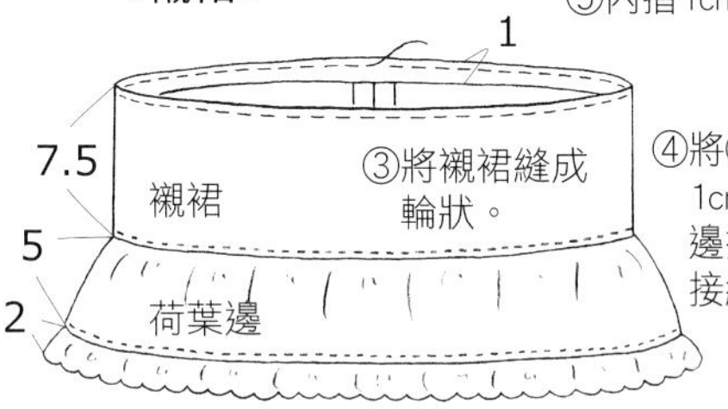

③將襯裙縫成輪狀。

④將③的下襬內摺1cm，再將②的上邊抽細褶＆與其接縫。

⑤內摺1cm進行平針縫。

1 7.5 襯裙 5 2 荷葉邊

＜袖子＞

①剪下。

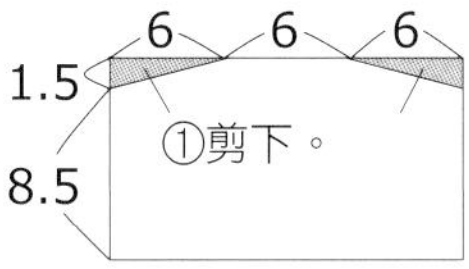

②縫成輪狀。

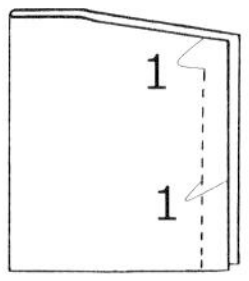

③進行平針縫。

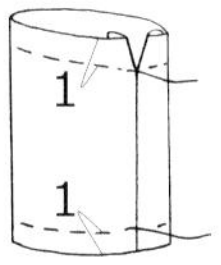

6 6 6 1.5 8.5 1 1 1 1

＜領片＞

①在布上複寫紙型後翻回正面，預留3cm的返口再進行車縫。

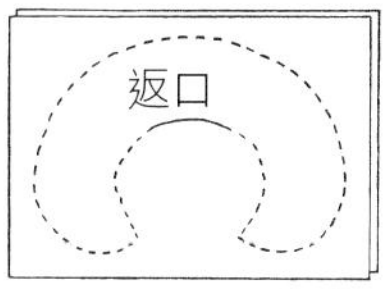

返口

＊將整片布燙貼上布襯。

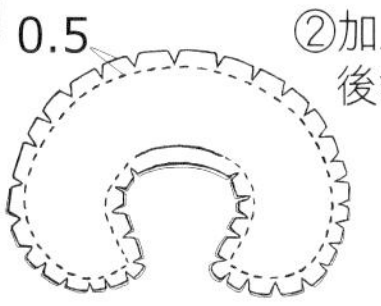

②加上0.5cm的縫份後裁下＆剪牙口。

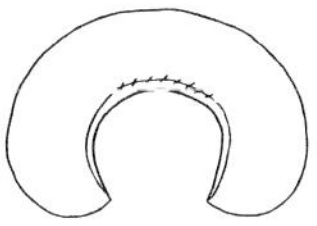

0.5

③翻回正面，縫合返口。

＜鞋子＞

①依紙型裁剪不織布。

②取2股繡線，以捲針縫縫合後方。

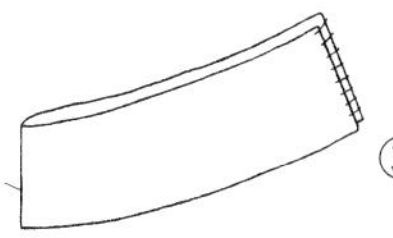

摺雙

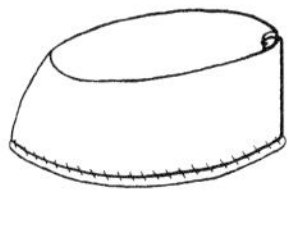

③翻回正面，鞋底進行捲針縫。

◆Sumire的紙型

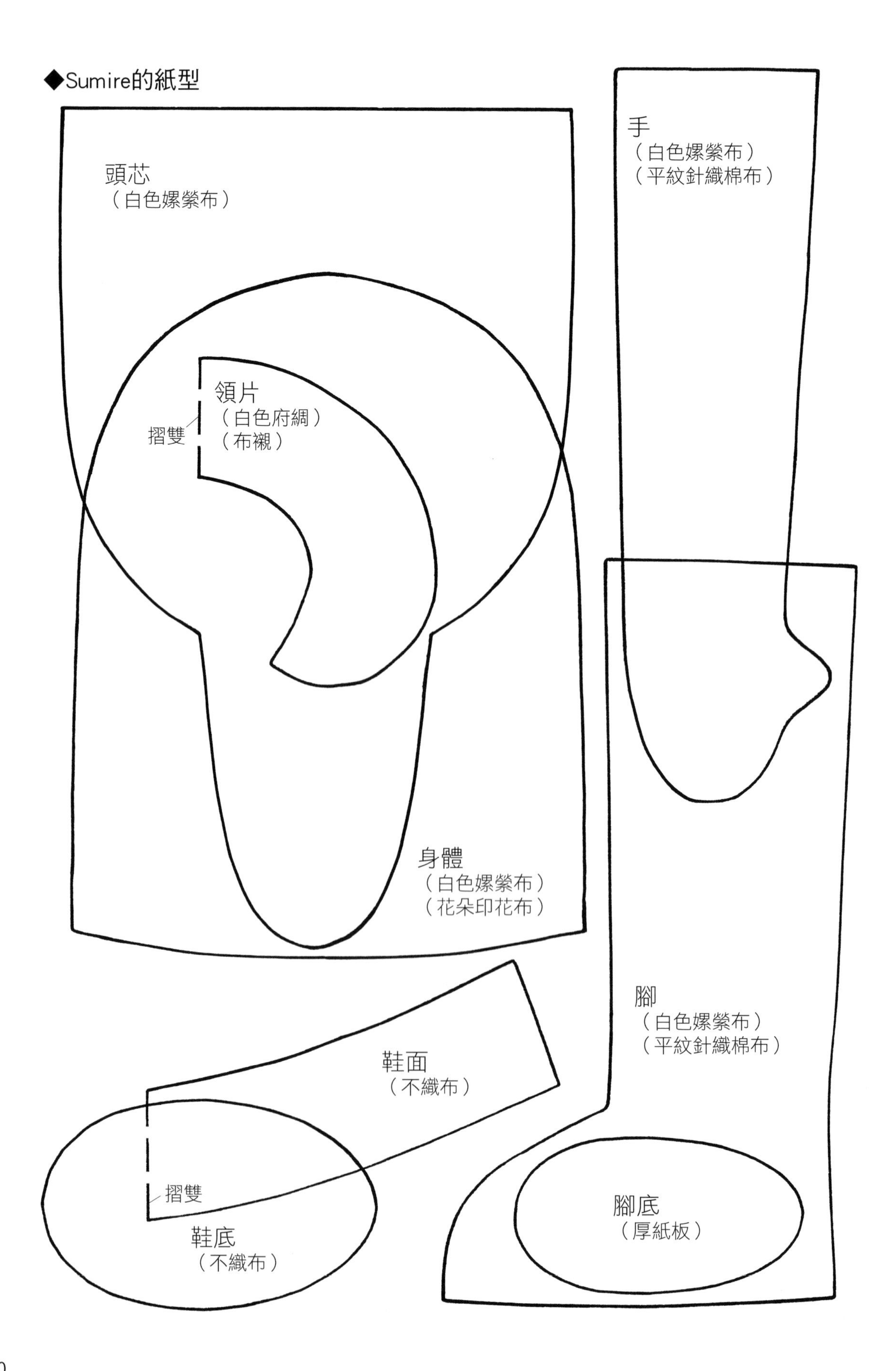

頭芯
（白色嫘縈布）
手
（白色嫘縈布）
（平紋針織棉布）
領片
（白色府綢）
（布襯）
摺雙
身體
（白色嫘縈布）
（花朵印花布）
鞋面
（不織布）
摺雙
鞋底
（不織布）
腳
（白色嫘縈布）
（平紋針織棉布）
腳底
（厚紙板）

換裝人形偶　Mion　P14至P17

★身體・臉部的材料

白色嫘縈布38cm長×77cm寬。平紋針織棉布40cm長×82cm寬。木絲約75g。脱脂棉約75g。化纖棉約6g。厚紙板6cm×6cm。14號鋁線長15cm×1根。眼睛布。25號繡線（口用・粉紅色）。

★頭髮

中細毛線約30g。25號繡線。

★頭芯、手、腳底、鞋面、鞋底的紙型參見P30，身體與腳的紙型參見P35。

製作身體

★臉＆手的作法與可抱式人形偶Sumire相同。

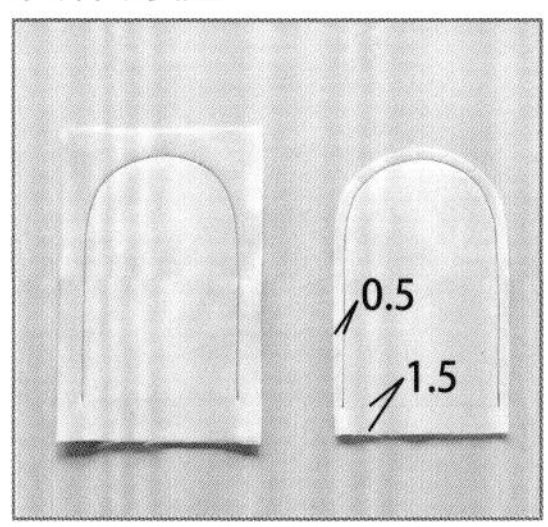

1 在白色嫘縈布之間夾入平紋針織棉布後車縫身體。

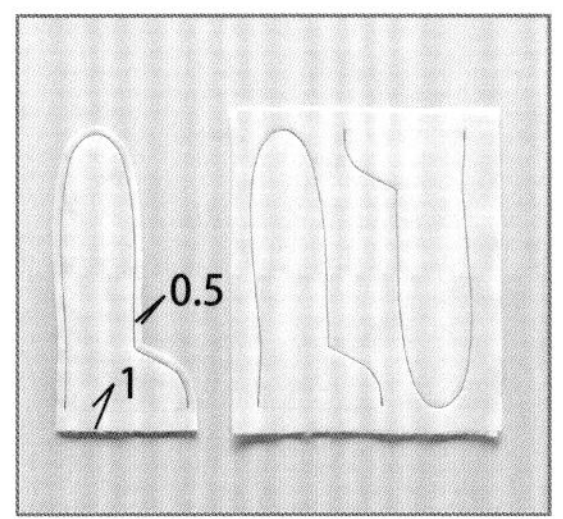

2 在白色嫘縈布之間夾入平紋針織棉布後車縫腳部。

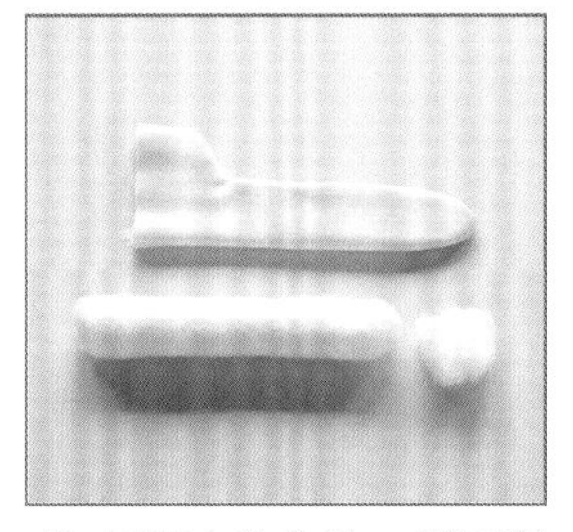

3 同基本款作法，撕下脱脂棉＆捲成條狀後填入腳部。

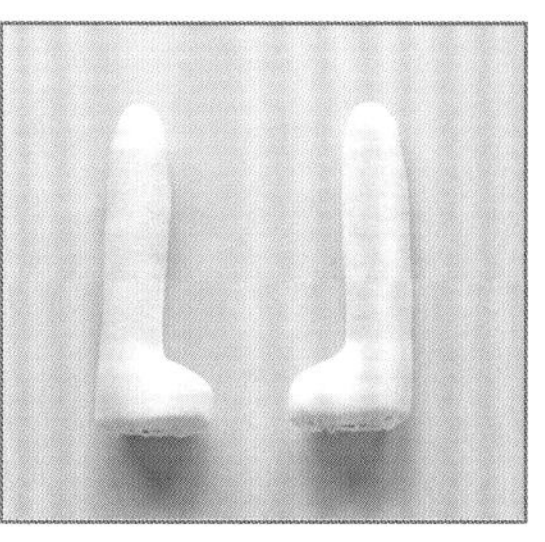

4 以基本款相同作法填充腳掌，並處理好腳底。

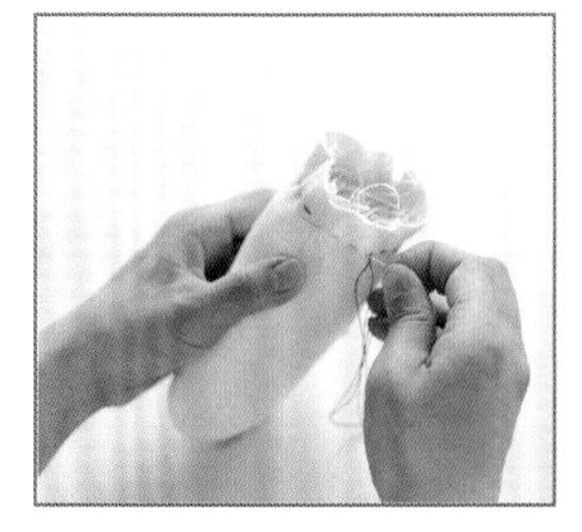

5 將身體填入木絲，以頭芯相同作法進行縫合。

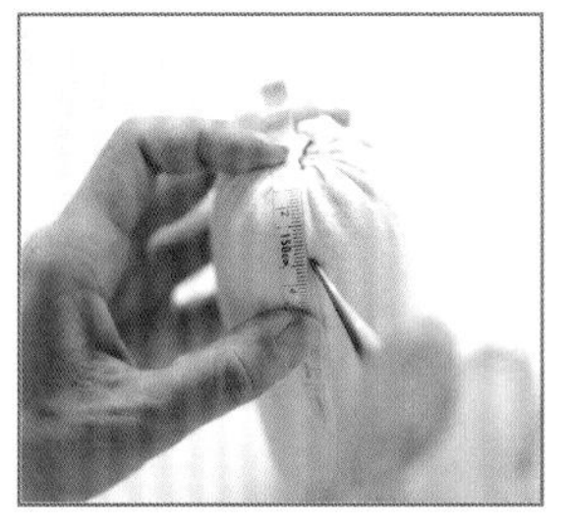

6 在距接合口3.5cm處以尖錐鑽洞。

7 穿入15cm長的鋁線。

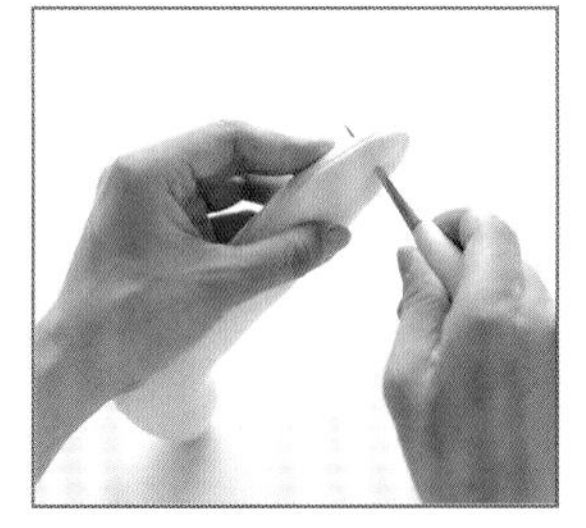

8 以尖錐在腳部最上端下方2cm處鑽洞。

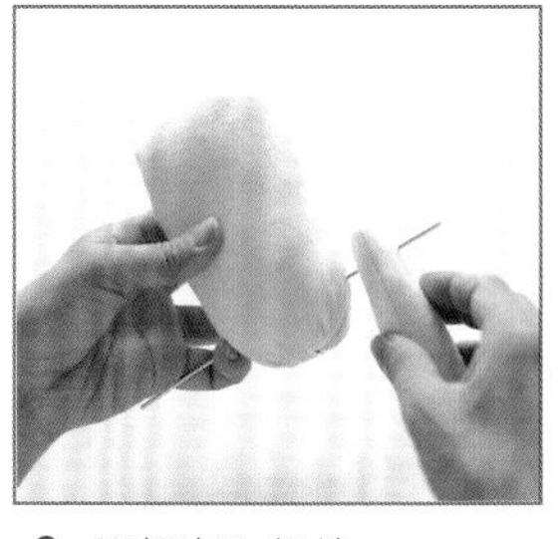

9 腳部穿入鋁線。

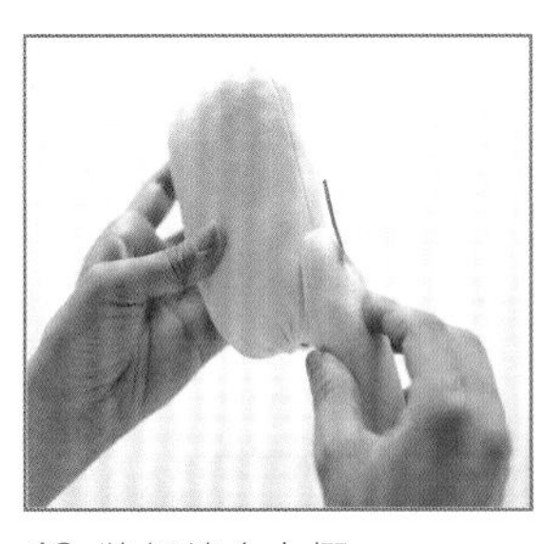

10 將鋁線向上摺。

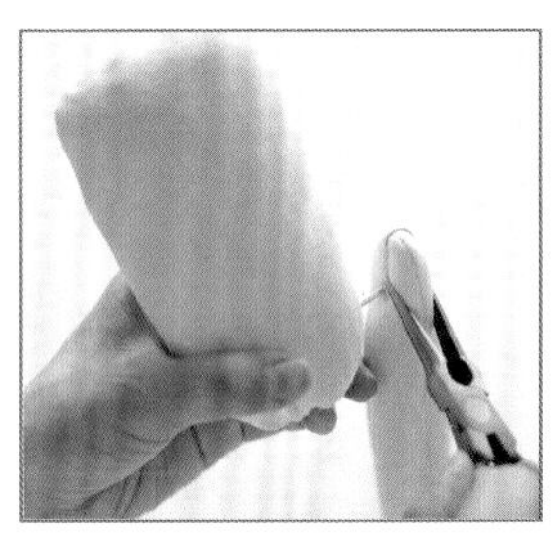

11 以尖嘴鉗將鋁線摺向內側。

12 以相同作法裝接另一隻腳，完成可穩定坐著的身體。

縫上頭髮

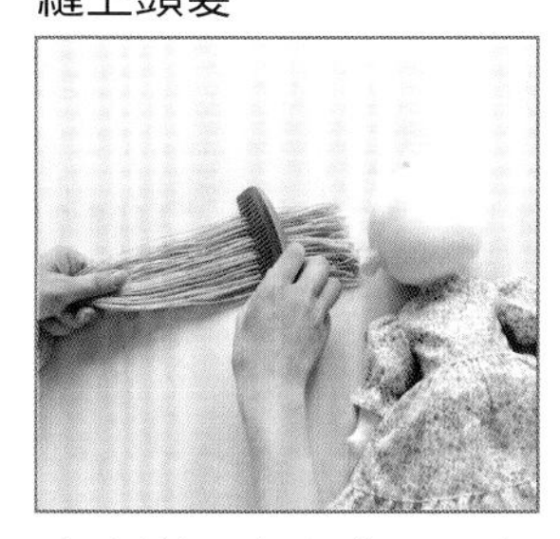

1 以梳子仔細梳理70根140cm長的中細毛線。

2 以其他線段綁住毛線的一端，剪去約1cm的多餘部分。

3 以長珠針將2固定在頭頂。

4 手指置於臉部約一半的位置，將毛線反摺。

5 頭頂插上另一根長珠針。

6 以縫針穿過頭芯，將①縫牢固定。

7 一邊梳順毛線整理髮型，一邊依序以長珠針固定。

8 在脖子後方插上長珠針②，將毛線束往上攏。

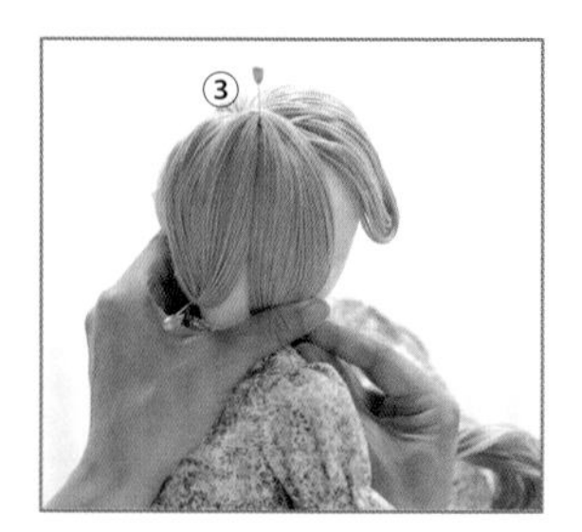

9 頭頂插上長珠針③後，放下毛線束。

10 在側邊插上珠針④後，將毛線束繞過頭頂來到另一側。

11 插上長珠針⑤，再在頭頂插上長珠針⑥。

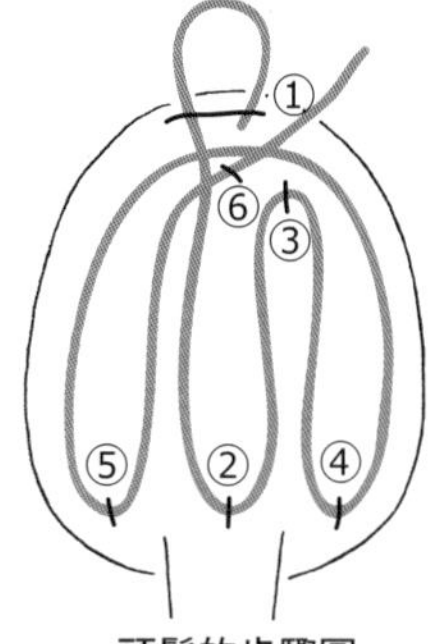

頭髮的步驟圖

12 先手縫固定長珠⑥的位置，接著固定③，再依序縫牢⑤、②、④。

13 將剩餘的毛線束一分為二，以雙手各自搓成束狀。

14 搓好後對褶，一手將末端用力地按壓在頭頂，一手按住對摺處。

15 鬆開按住對摺處的手，毛線就會自然形成麻花捲。

16 手縫固定於頭頂。

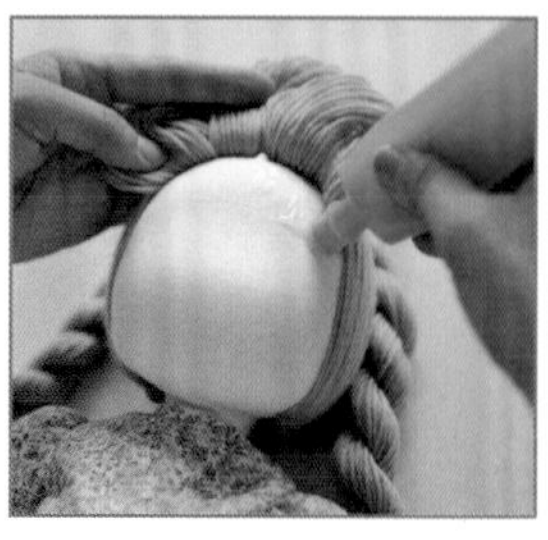

17 以漿糊固定前額的頭髮。

完成尺寸　身長35cm

★衣服

黃色連身裙

花朵印花布32cm長×90cm寬。布襯6cm×12cm。0.8cm圓形暗釦3個。伸縮線。

水藍色洋裝

花朵印花布23cm長×105cm寬。水色抓皺棉蕾絲花邊（5cm寬）148cm。布襯3cm×9cm。0.8cm圓形暗釦3個。伸縮線。＊進行裝飾刺繡時使用25號繡線。

白色上衣＆粉紅色裙子

白色上衣　白色木棉蕾絲布16cm長×80cm寬。布襯3cm×9cm。緞帶（0.8cm寬）10cm（胸針用）。1.5cm的鈕釦1個。0.8cm圓形暗釦3個。

裙子　花朵印花布17cm長×80cm寬。伸縮線。

褲子＆襯裙

白色府綢15cm長×98cm寬。白色棉蕾絲（3cm寬）143cm。伸縮線。

鞋子

不織布14cm長×20cm。25號繡線。

★衣服的紙型參見P35。

★衣服的作法

◆褲子＆襯裙

（白色府綢）

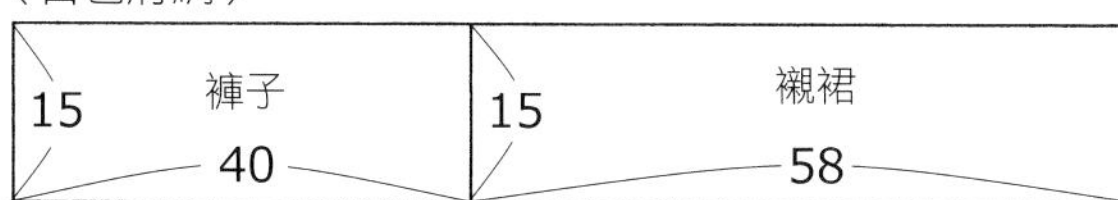

◆黃色連身裙

（花朵印花布）

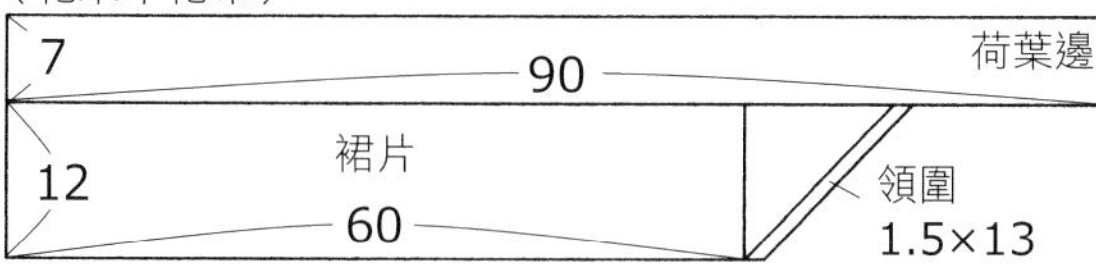

複寫前後衣身＆袖子的紙型，再加上縫份後如圖所示裁剪。

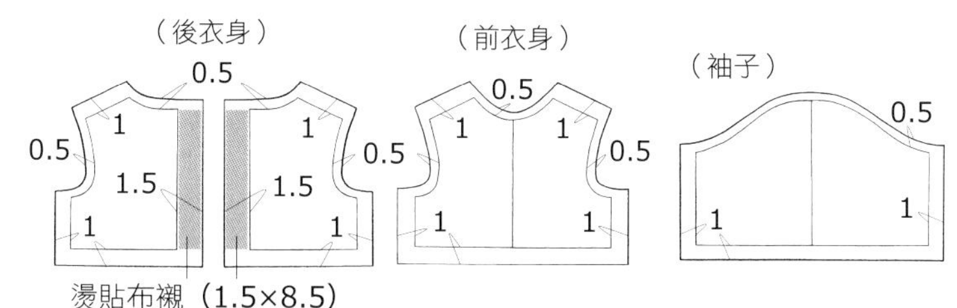

②將袖子縫成輪狀。

袖子
（背面）

③袖口三摺1cm後車縫。

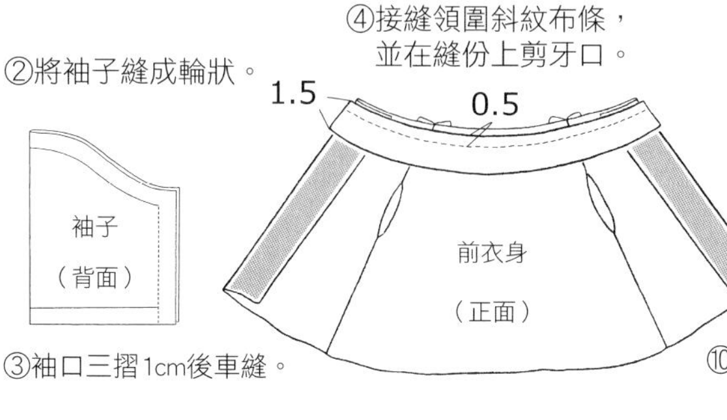

⑤將領圍以藏針縫縫合。

0.5
前衣身
（背面）

⑥反摺兩端的縫份。

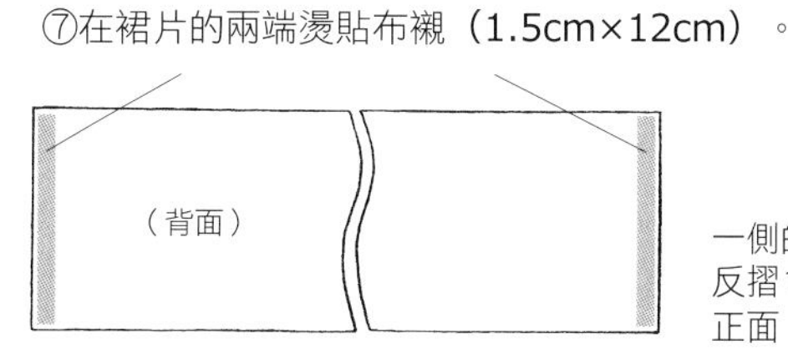

⑧將裙子縫成輪狀。

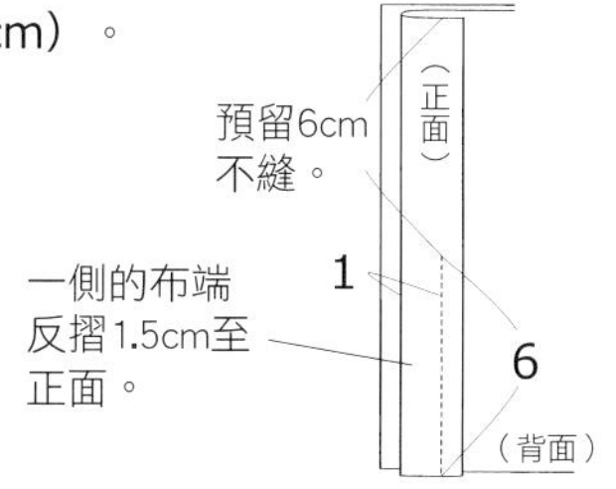

⑩將裙子下襬內摺1cm後，將荷葉邊抽細褶＆與其接縫。

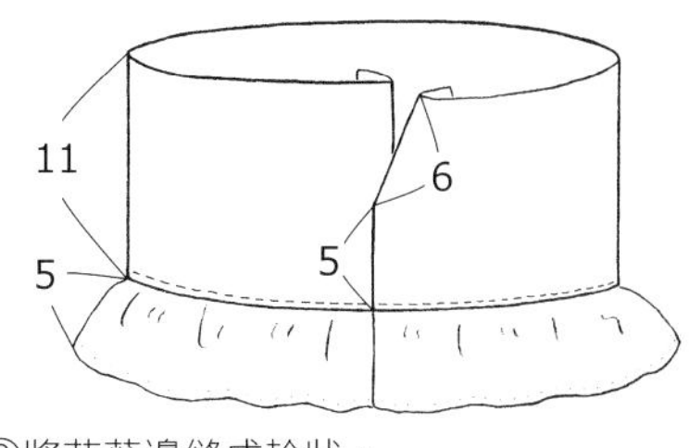

⑨將荷葉邊縫成輪狀，下襬三摺1cm後車縫。

<褲子>

①下襬內摺1cm後，將58cm長的蕾絲抽細褶並與其接縫，再依序縫合脇邊＆股下。

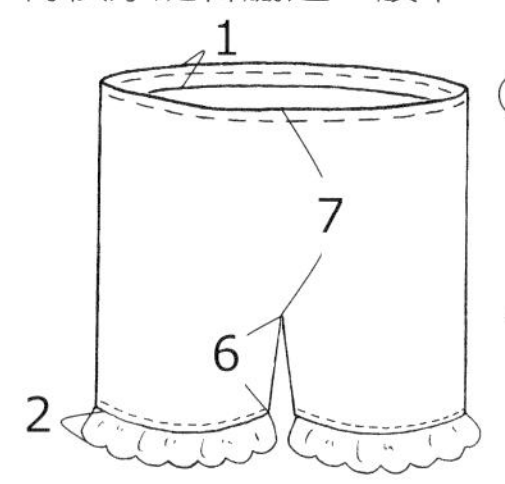

②腰圍內摺1cm，上線用車縫線，下線用伸縮線進行粗針目的車縫，再拉線緊縮。

＊襯裙＆裙子等也依同樣作法以伸縮線進行縮縫。

<襯裙>

③以伸縮線進行縮縫。

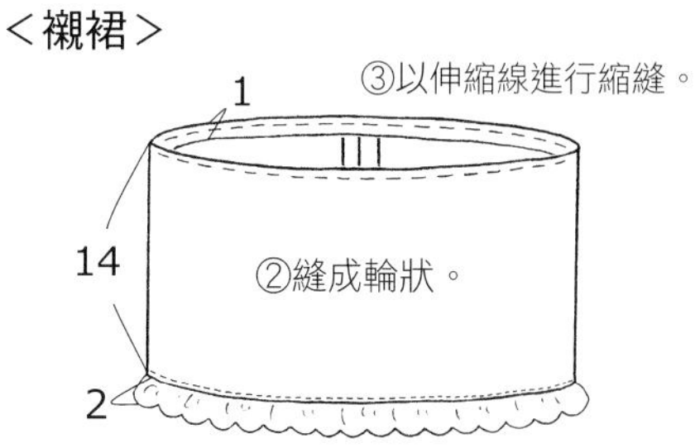

①下襬內摺1cm後，將85cm長的蕾絲抽細褶並與其接縫，再依序縫合脇邊＆股下。

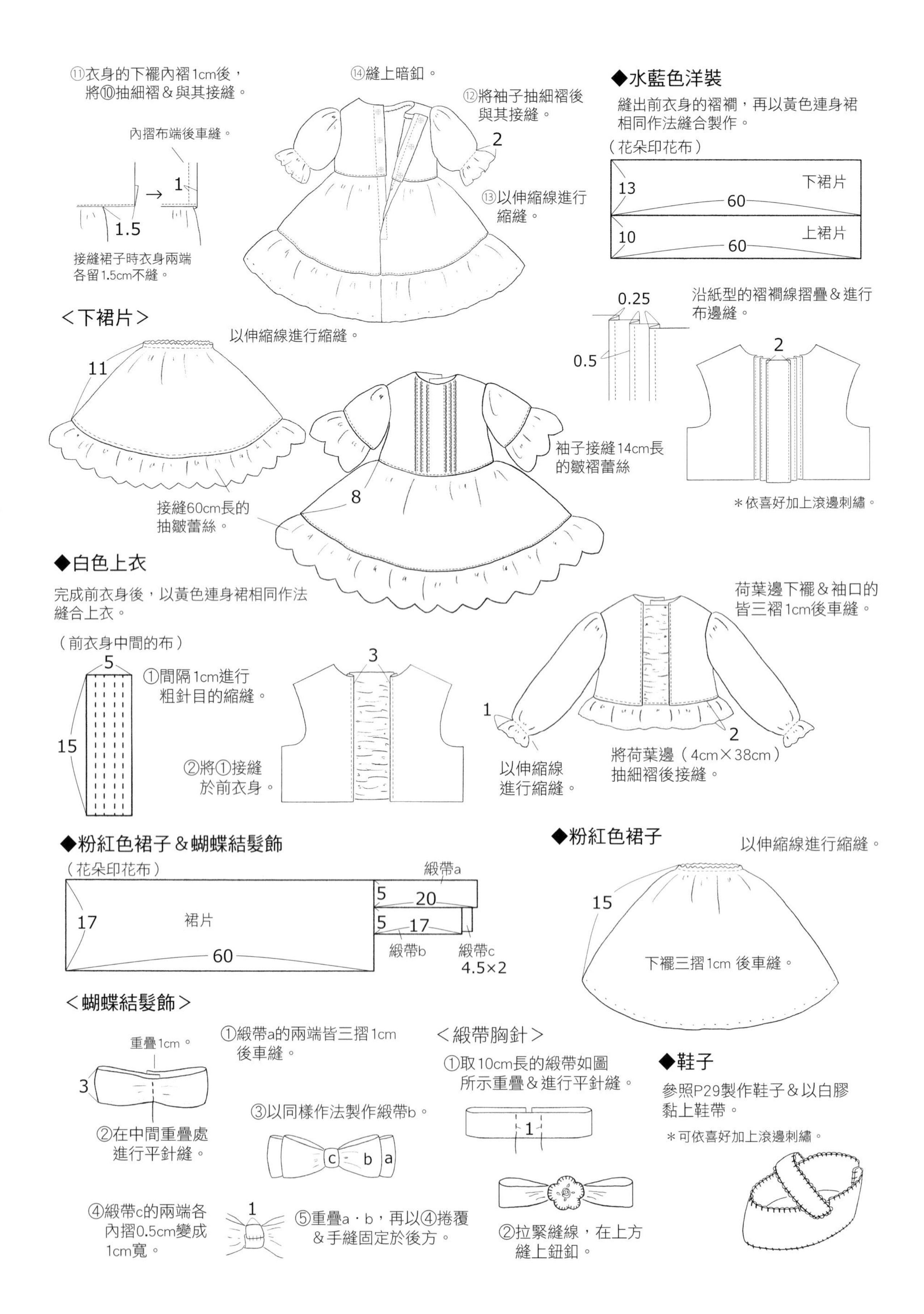
⑪衣身的下襬內褶1cm後，
將⑩抽細褶＆與其接縫。
內摺布端後車縫。
1
1.5
接縫裙子時衣身兩端
各留1.5cm不縫。
⑭縫上暗釦。
⑫將袖子抽細褶後
與其接縫。
2
⑬以伸縮線進行
縮縫。
◆水藍色洋裝
縫出前衣身的褶襉，再以黃色連身裙
相同作法縫合製作。
（花朵印花布）
13
下裙片
60
10
上裙片
60
＜下裙片＞
以伸縮線進行縮縫。
11
接縫60cm長的
抽皺蕾絲。
8
袖子接縫14cm長
的皺褶蕾絲
0.25
0.5
沿紙型的褶襉線摺疊＆進行
布邊縫。
2
＊依喜好加上滾邊刺繡。
◆白色上衣
完成前衣身後，以黃色連身裙相同作法
縫合上衣。
（前衣身中間的布）
5
15
①間隔1cm進行
粗針目的縮縫。
3
②將①接縫
於前衣身。
荷葉邊下襬＆袖口的
皆三褶1cm後車縫。
1
以伸縮線
進行縮縫。
2
將荷葉邊（4cm×38cm）
抽細褶後接縫。
◆粉紅色裙子＆蝴蝶結髮飾
（花朵印花布）
17
裙片
60
緞帶a
5
20
5
17
緞帶b
緞帶c
4.5×2
◆粉紅色裙子
以伸縮線進行縮縫。
15
下襬三摺1cm 後車縫。
＜蝴蝶結髮飾＞
重疊1cm。
3
②在中間重疊處
進行平針縫。
①緞帶a的兩端皆三摺1cm
後車縫。
③以同樣作法製作緞帶b。
c
b
a
④緞帶c的兩端各
內摺0.5cm變成
1cm寬。
1
⑤重疊a・b，再以④捲覆
＆手縫固定於後方。
＜緞帶胸針＞
①取10cm長的緞帶如圖
所示重疊＆進行平針縫。
1
②拉緊縫線，在上方
縫上鈕釦。
◆鞋子
參照P29製作鞋子＆以白膠
黏上鞋帶。
＊可依喜好加上滾邊刺繡。

◆換裝人形偶紙型

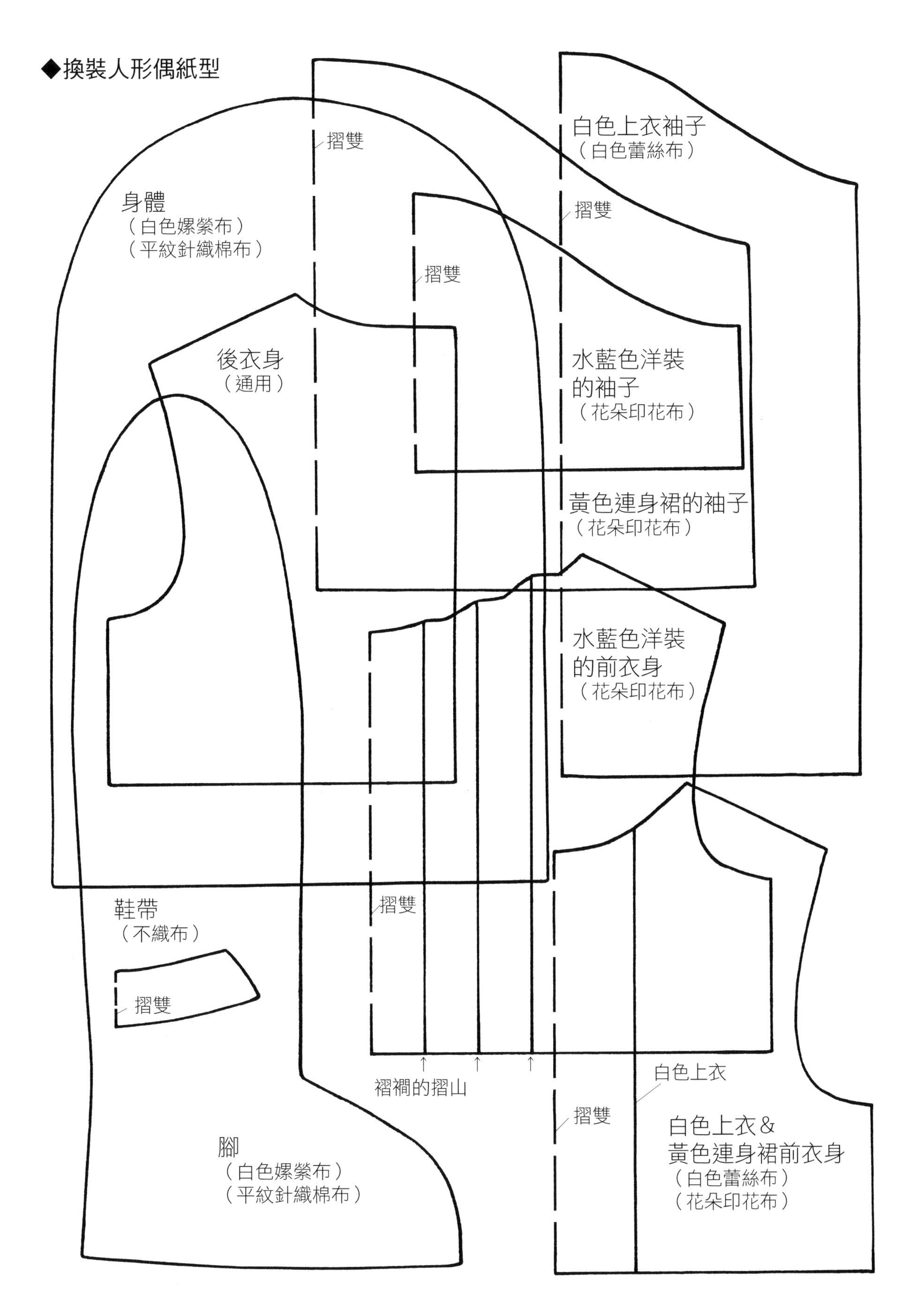

摺雙
白色上衣袖子
（白色蕾絲布）
摺雙
身體
（白色螺縈布）
（平紋針織棉布）
摺雙
後衣身
（通用）
水藍色洋裝
的袖子
（花朵印花布）
黃色連身裙的袖子
（花朵印花布）
水藍色洋裝
的前衣身
（花朵印花布）
鞋帶
（不織布）
摺雙
摺雙
褶襉的摺山
白色上衣
摺雙
腳
（白色螺縈布）
（平紋針織棉布）
白色上衣＆
黃色連身裙前衣身
（白色蕾絲布）
（花朵印花布）

姿勢人形偶　Kotona　P4

★身體・臉部的材料

白色嫘縈布16cm長×90cm寬。平紋針織棉布17cm長×65cm寬。木絲約40g。脫脂棉約35g。化纖棉約5g。厚紙板9cm×5cm。14號鐵絲20cm長×2根。16號鋁線16cm長×10根。眼睛布。25號繡線（口用・粉紅色）。

完成尺寸　座高19cm

★衣服・頭髮

白色府綢15cm長×75cm寬。花朵印花布17cm長×89cm寬。格子木綿布15cm長×70cm寬。米褐色木綿布（鞋用）12cm長×20cm寬。原色皺褶棉蕾絲（2.5cm寬）45cm。布襯7cm×11cm。極細毛線約15g。

★紙型參見P39。

★棉片的尺寸

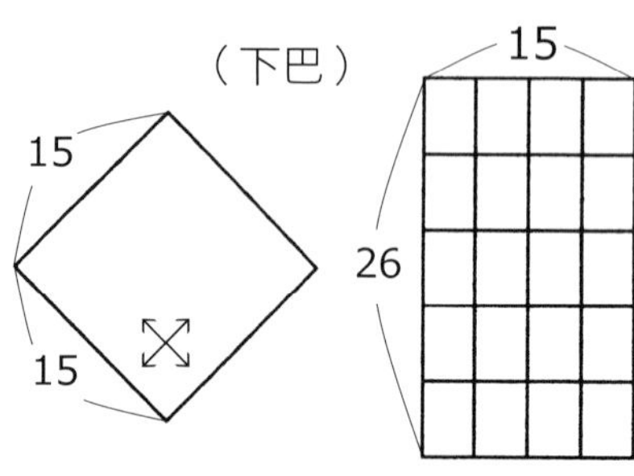

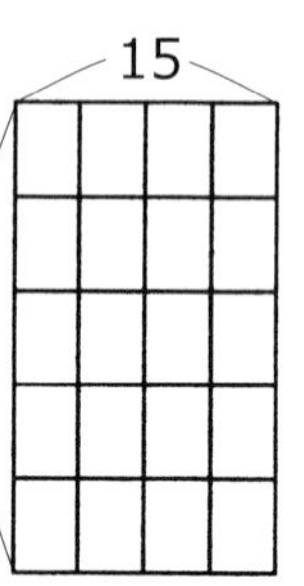

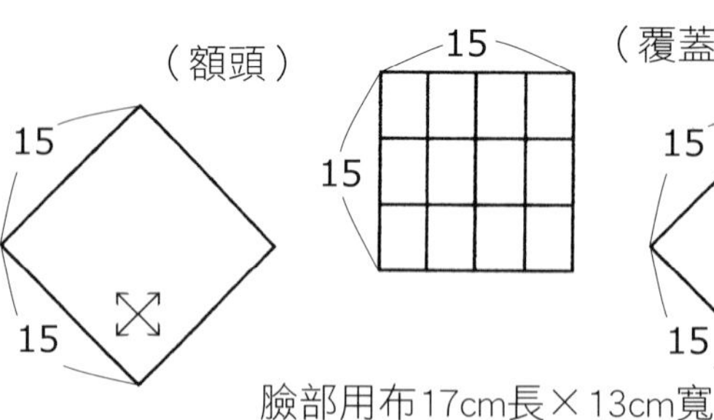

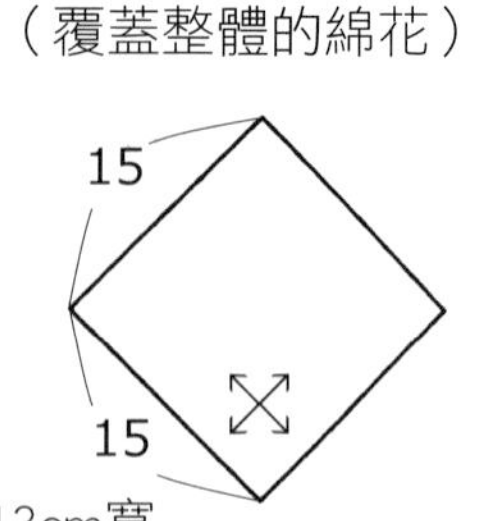

臉部用布17cm長×13cm寬

製作身體

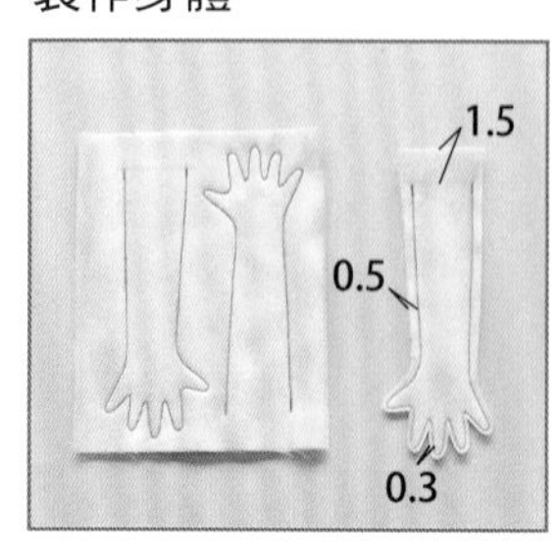

1　縫出手部並加上縫份後裁下，再於曲線處剪牙口＆翻回正面。

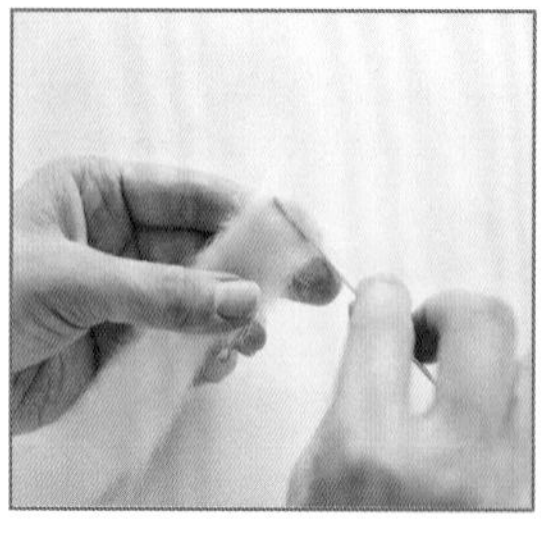

2　將16cm長的鋁線前端沾上白膠，再捲上撕成手指長度寬的脫脂棉片。

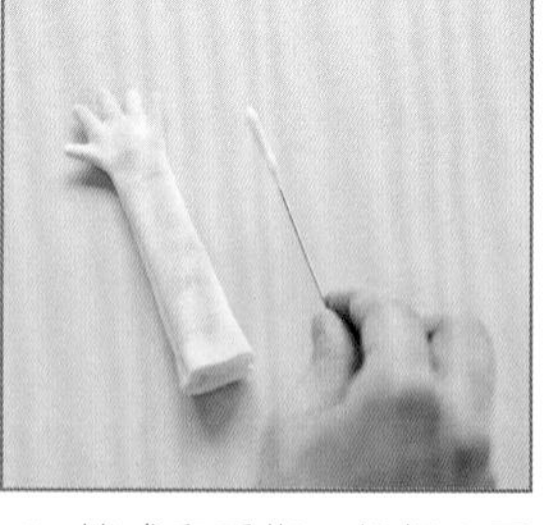

3　捲成和手指一般粗＆再次確認粗細合不合後，於前端沾少許白膠。

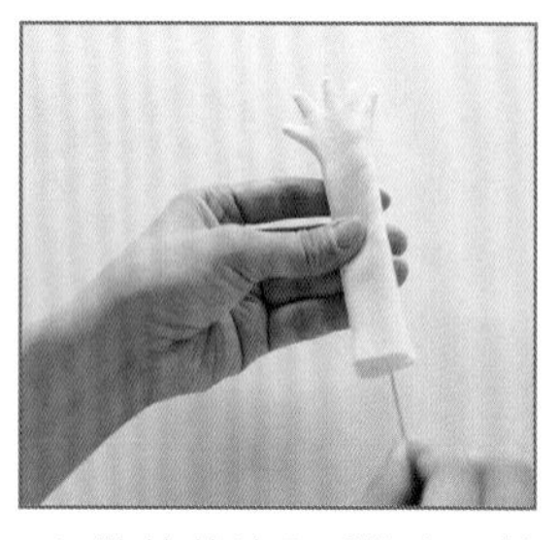

4　將棉花填入手指中，並以相同作法製作其他手指。

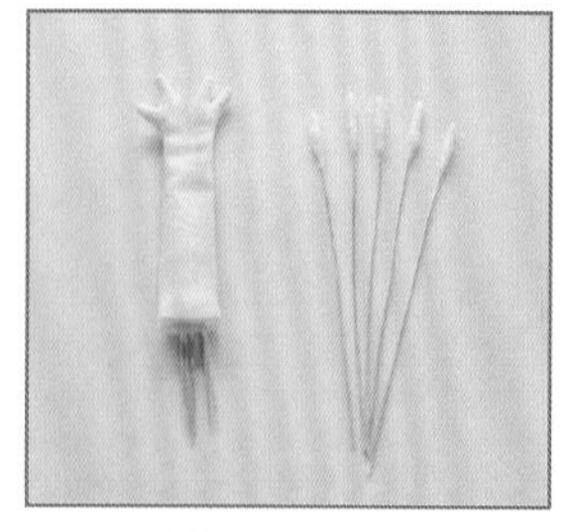

5　因十指粗細不同，請依各指粗細捲覆脫脂棉片。

6　一邊壓住人形偶的指端，一邊將五根鋁線擰成一束。

7　以螺絲起子填塞化纖棉直至開口線的高度。

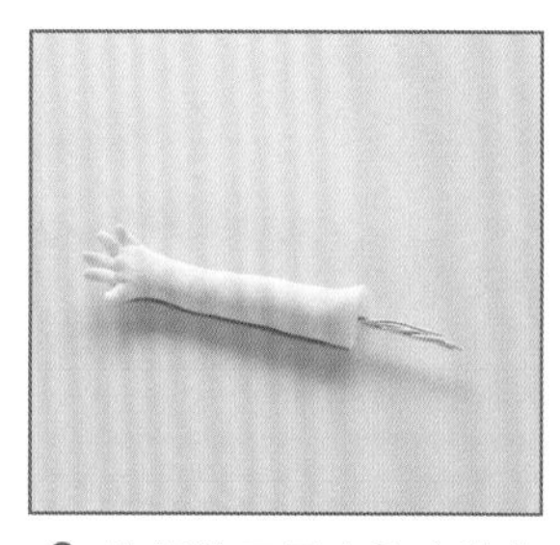

8　使鋁線四周完全塞滿化纖棉。

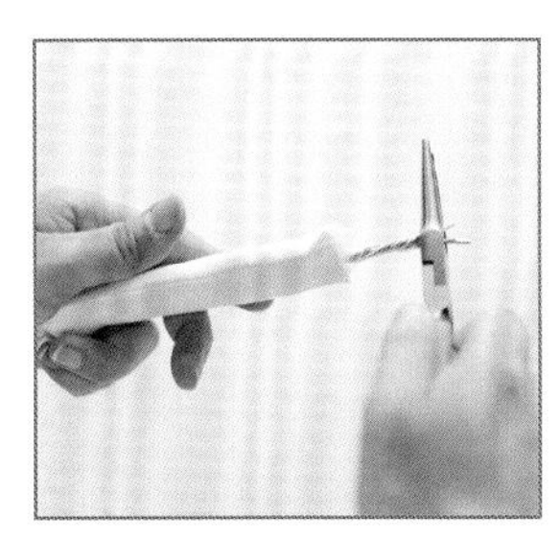

9 以尖嘴鉗擰轉鋁線＆剪斷末端。

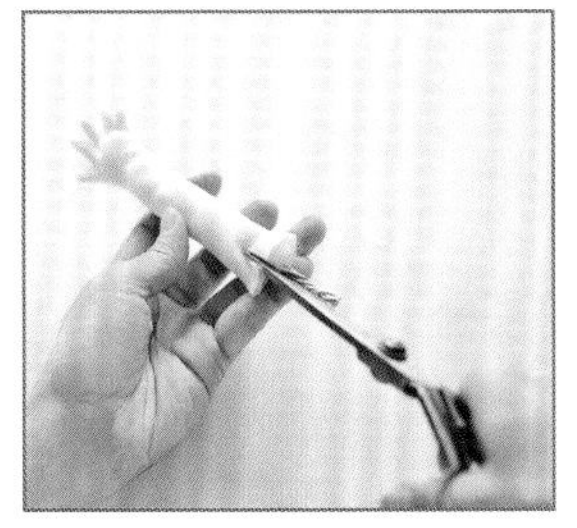

10 使人形偶的拇指朝左，握住手臂處，在縫份上剪1cm深的切口。

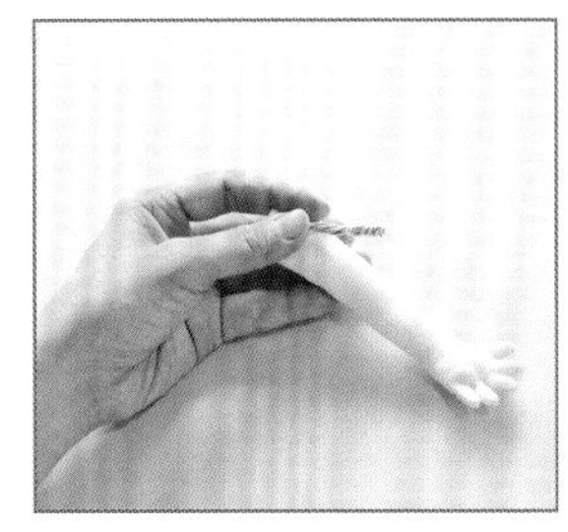

11 將鋁線自切口位置向下彎摺。

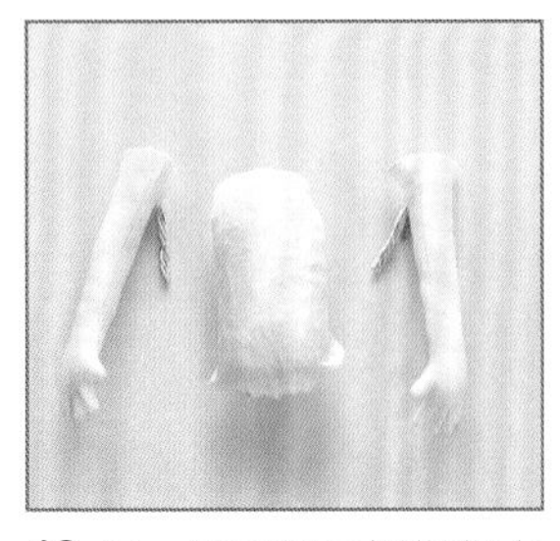

12 另一隻手則是拇指朝右剪切口＆摺彎鋁線。

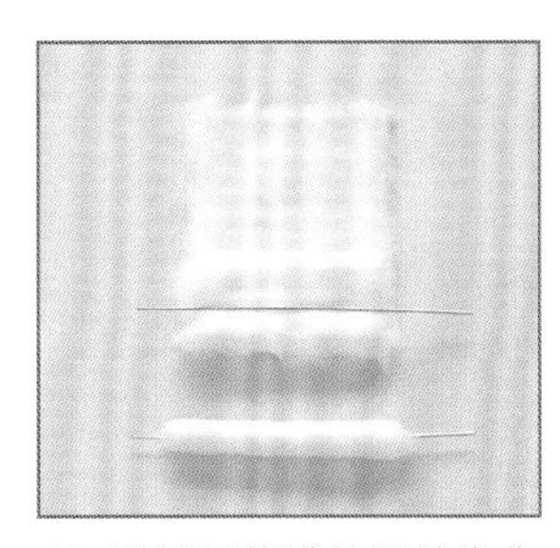

13 腳部是將鐵絲置於當作芯的棉花上，再以基本款相同作法捲上脫脂棉片。

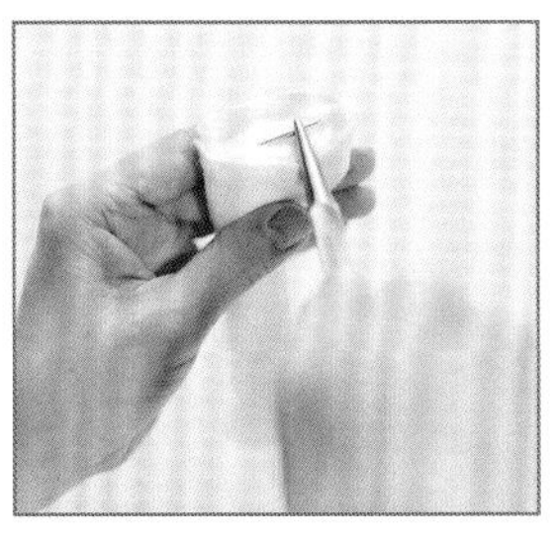

14 依相同作法製作腳掌，並以尖嘴鉗摺彎鐵絲，處理好腳底。

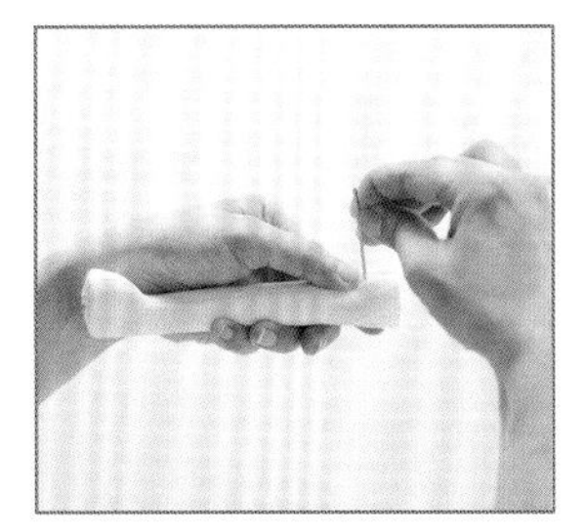

15 鐵絲自開口線處彎摺成直角。

16 以尖錐在身體鑽洞（直立式人形偶是在身體厚度的中間鑽洞）。

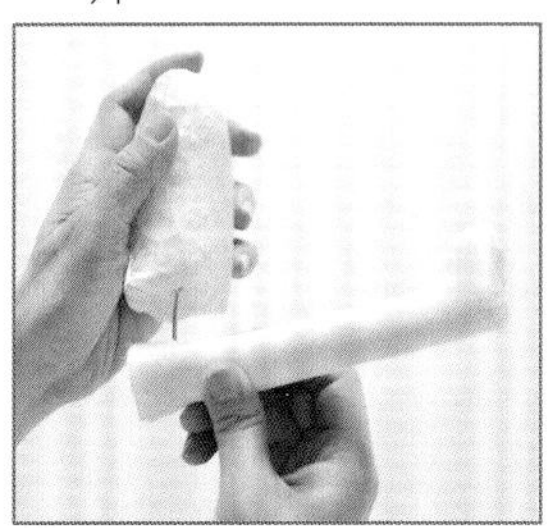

17 將腳部的鐵絲填入16的洞內，暫時固定身體的底部。

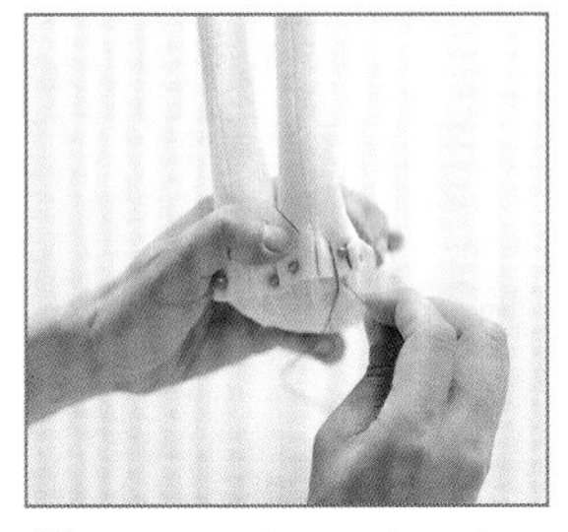

18 取2股8號線，穿過木絲縫牢固定。

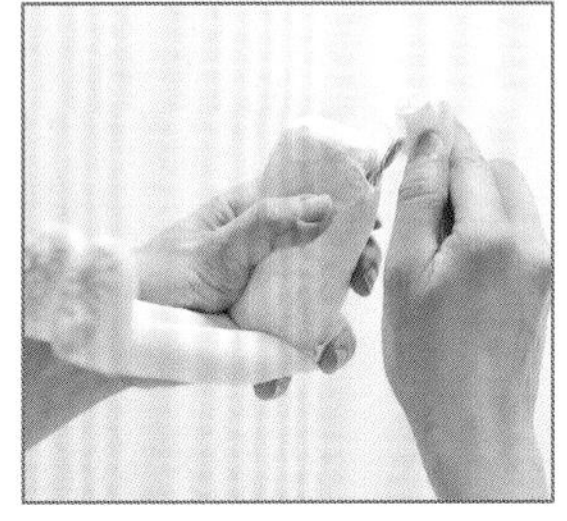

19 以尖錐在身體鑽出插入手部的洞孔，再將鋁線插入。

20 取2股8號線縫牢固定，再鑽出脖子的洞孔插上頭部。身體完成！

縫上頭髮

1 仔細梳理120根90cm長的極細毛線，置於頭頂手縫固定。

2 以P32的作法要領完成①至⑥的步驟，再將毛線一分為二，手縫固定於兩側。

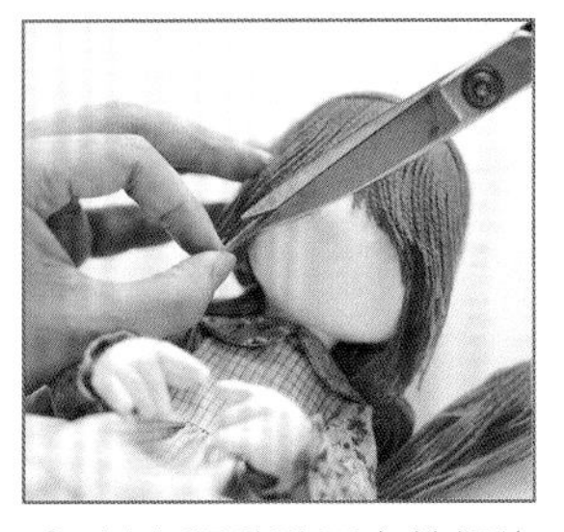

3 以白膠黏貼固定前額的頭髮。

4 綁好辨子，修剪長度。

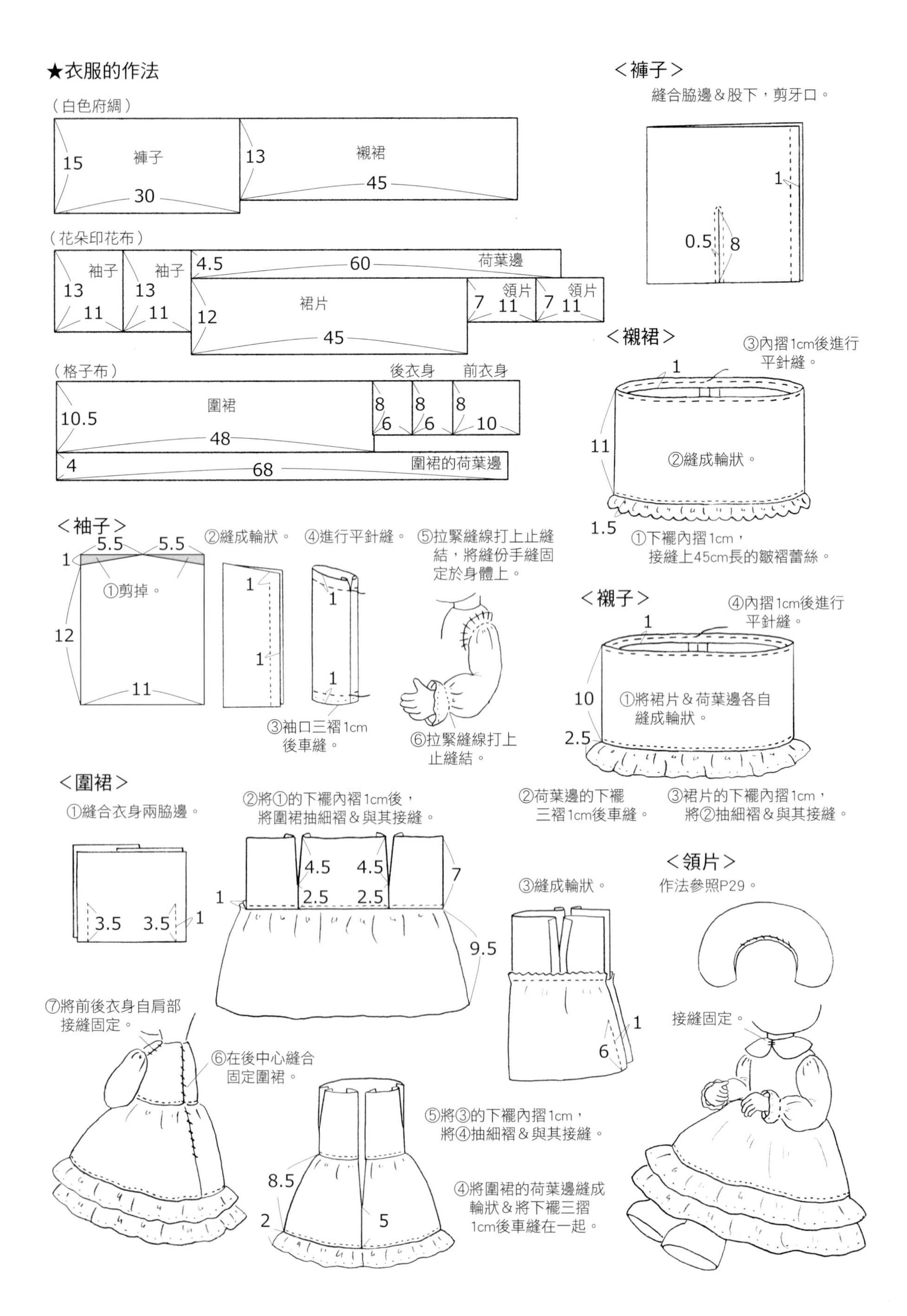
★衣服的作法
（白色府綢）
褲子
15
30
襯裙
13
45
（花朵印花布）
袖子
13
11
袖子
13
11
4.5
60
荷葉邊
裙片
12
45
領片
7
11
領片
7
11
（格子布）
後衣身
前衣身
圍裙
10.5
48
8
6
8
6
8
10
4
68
圍裙的荷葉邊
＜褲子＞
縫合脇邊＆股下，剪牙口。
1
0.5
8
＜襯裙＞
③內摺1cm後進行平針縫。
1
11
②縫成輪狀。
1.5
①下襬內摺1cm，接縫上45cm長的皺褶蕾絲。
＜袖子＞
5.5
5.5
1
①剪掉。
12
11
②縫成輪狀。
1
1
④進行平針縫。
1
1
③袖口三褶1cm後車縫。
⑤拉緊縫線打上止縫結，將縫份手縫固定於身體上。
⑥拉緊縫線打上止縫結。
＜襯子＞
④內摺1cm後進行平針縫。
1
10
①將裙片＆荷葉邊各自縫成輪狀。
2.5
＜圍裙＞
①縫合衣身兩脇邊。
3.5
3.5
1
②將①的下襬內摺1cm後，將圍裙抽細褶＆與其接縫。
4.5
4.5
2.5
2.5
7
1
9.5
②荷葉邊的下襬三褶1cm後車縫。
③裙片的下襬內摺1cm，將②抽細褶＆與其接縫。
③縫成輪狀。
1
6
＜領片＞
作法參照P29。
接縫固定。
⑦將前後衣身自肩部接縫固定。
⑥在後中心縫合固定圍裙。
⑤將③的下襬內摺1cm，將④抽細褶＆與其接縫。
8.5
2
5
④將圍裙的荷葉邊縫成輪狀＆將下襬三摺1cm後車縫在一起。

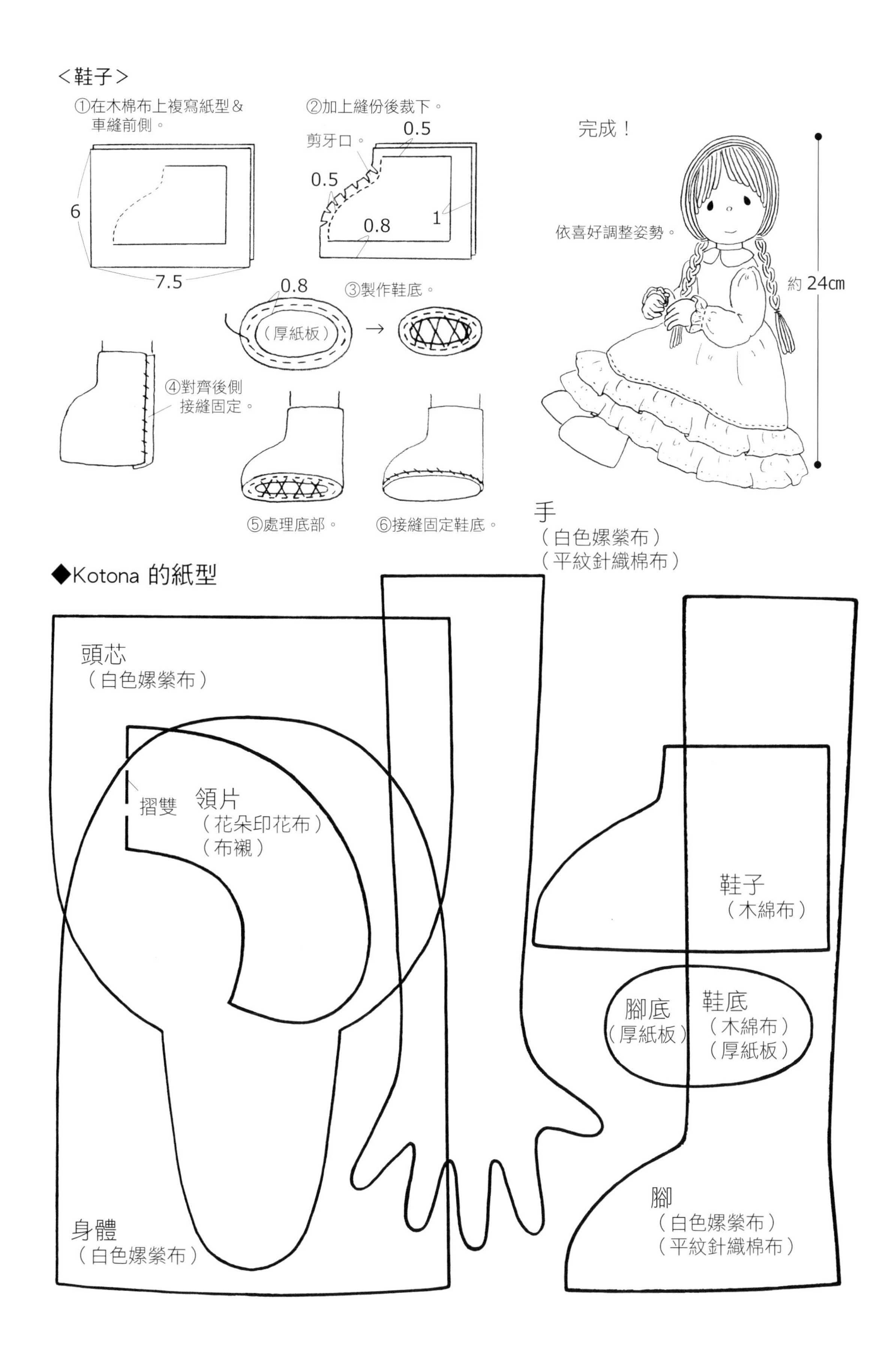
<鞋子>
①在木棉布上複寫紙型＆車縫前側。
6
7.5
②加上縫份後裁下。
剪牙口。
0.5
0.5
0.8
1
③製作鞋底。
0.8
（厚紙板）
④對齊後側接縫固定。
⑤處理底部。
⑥接縫固定鞋底。
完成！
依喜好調整姿勢。
約 24cm
◆Kotona 的紙型
手
（白色嫘縈布）
（平紋針織棉布）
頭芯
（白色嫘縈布）
摺雙
領片
（花朵印花布）
（布襯）
鞋子
（木綿布）
腳底
（厚紙板）
鞋底
（木綿布）
（厚紙板）
腳
（白色嫘縈布）
（平紋針織棉布）
身體
（白色嫘縈布）

完成尺寸 身長33cm

姿勢人形偶 Annick P3

★身體．臉部的材料

白色嫘縈布32cm長×78cm寬。平紋針織棉布20cm長×76cm寬。木絲約70g。脱脂棉片約75g。化纖棉約8g。厚紙板6cm×6cm。14號鐵絲22cm長×2根。16號鋁線16cm長×10根。4g的重石16個。眼睛布。25號繡線（口用・粉紅色）。

★衣服．頭髮

白色府綢14cm長×88cm寬。芥黃色木棉布15cm長×50cm寬。格子木棉布19cm長×60cm寬。花朵印花布21cm長×26cm寬。原色棉蕾絲（3cm寬）70cm。不織布16cm×17cm。25號繡線（鞋子&頭髮用）。圈圈紗（粗）約40g。＊裝飾刺繡使用25號繡線。

★紙型參見P42（頭芯參見P30）。

★身體的作法

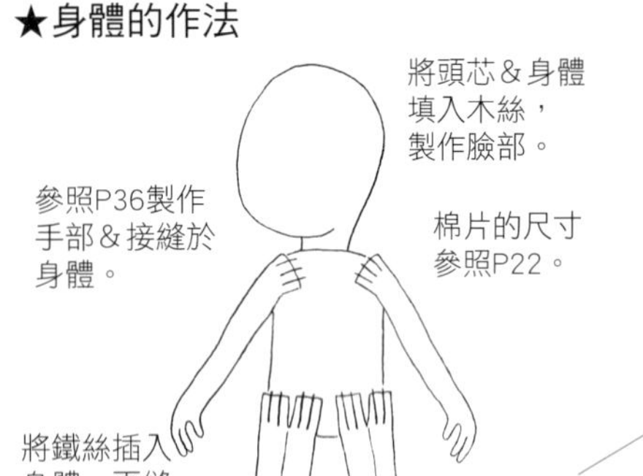

放入重石，
參照P37作法
製作腳部。

插入身體時，於
朝內的腿側縫份
處剪牙口。

重石（約30g）

厚紙板

★衣服的作法

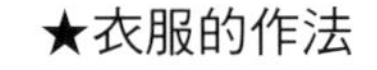

（白色府綢）

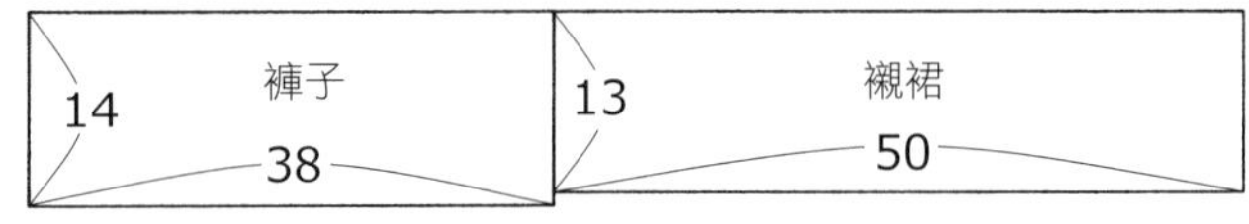

<褲子>

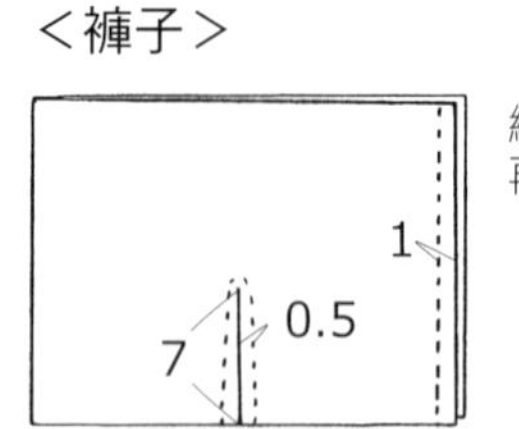

縫合脇邊&股下，
再於股下剪牙口。

<袖子>

①紙型加上縫份後裁下，縫成輪狀，
再翻回正面。

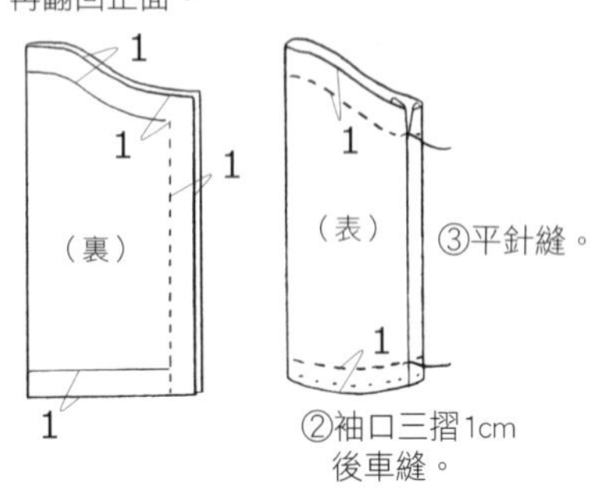

參照P26作法縫上褲子、襯裙與裙子。

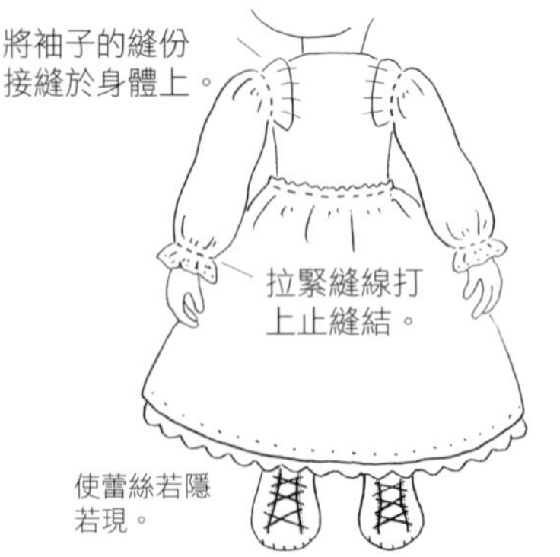

<襯裙>

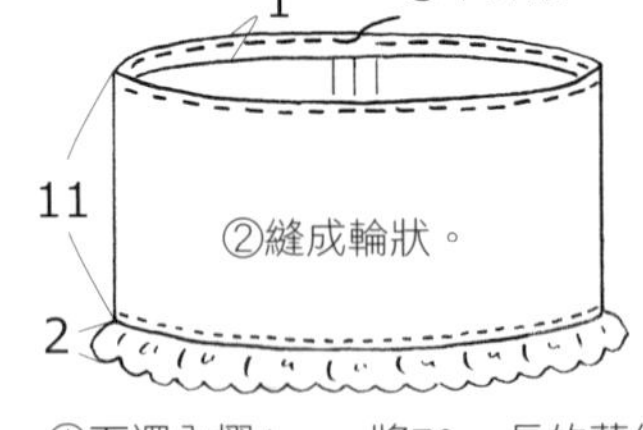

①下襬內摺1cm，將70cm長的蕾絲
抽細褶&與其接縫。

<裙子>

芥黃色木棉布（15cm長×50cm寬）

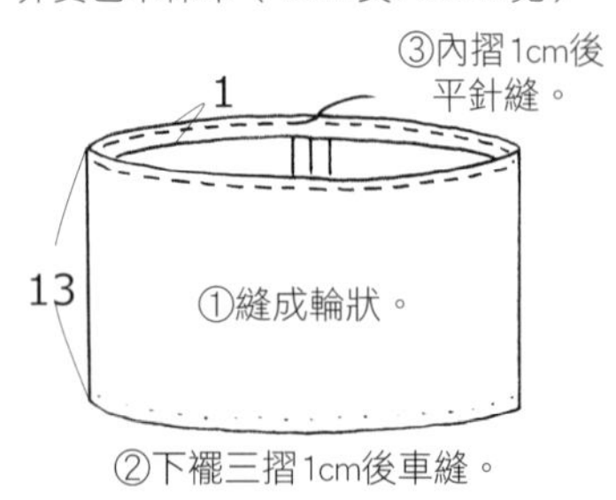

⑥拉緊鞋帶貼合腳部
後，在最末端裡側
打上止縫結。

＊取6股25號繡線
作為鞋帶。

⑤穿縫上2條25cm
的鞋帶。

<鞋子>

①依紙型裁剪不織布。

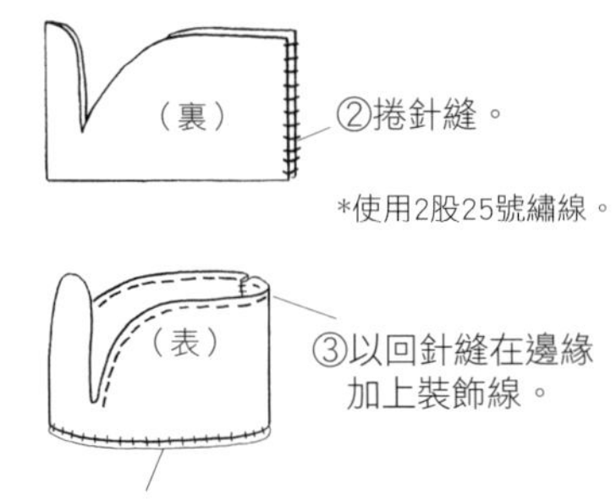

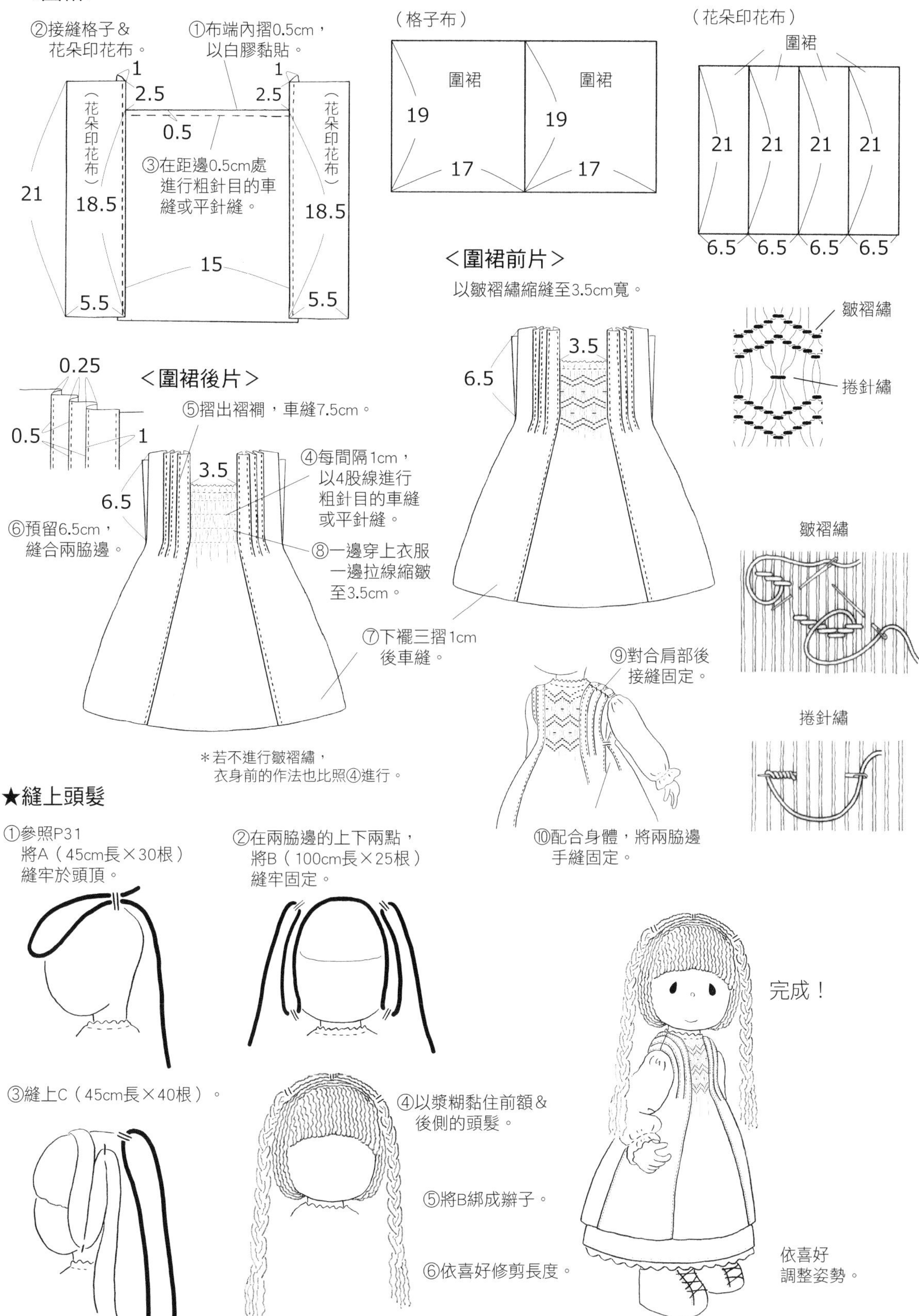

＜圍裙＞
②接縫格子＆花朵印花布。
①布端內摺0.5cm，以白膠黏貼。
1
2.5
1
2.5
（花朵印花布）
0.5
③在距邊0.5cm處進行粗針目的車縫或平針縫。
（花朵印花布）
21
18.5
18.5
15
5.5
5.5
（格子布）
圍裙
圍裙
19
19
17
17
（花朵印花布）
圍裙
21
21
21
21
6.5
6.5
6.5
6.5
＜圍裙前片＞
以皺褶繡縮縫至3.5cm寬。
3.5
6.5
皺褶繡
捲針繡
0.25
＜圍裙後片＞
0.5
1
⑤摺出褶襇，車縫7.5cm。
3.5
6.5
④每間隔1cm，以4股線進行粗針目的車縫或平針縫。
⑥預留6.5cm，縫合兩脇邊。
⑧一邊穿上衣服一邊拉線縮皺至3.5cm。
⑦下襬三摺1cm後車縫。
皺褶繡
⑨對合肩部後接縫固定。
捲針繡
＊若不進行皺褶繡，衣身前的作法也比照④進行。
⑩配合身體，將兩脇邊手縫固定。
★縫上頭髮
①參照P31將A（45cm長×30根）縫牢於頭頂。
②在兩脇邊的上下兩點，將B（100cm長×25根）縫牢固定。
完成！
③縫上C（45cm長×40根）。
④以漿糊黏住前額＆後側的頭髮。
⑤將B綁成辮子。
⑥依喜好修剪長度。
依喜好調整姿勢。

◆Annick的紙型

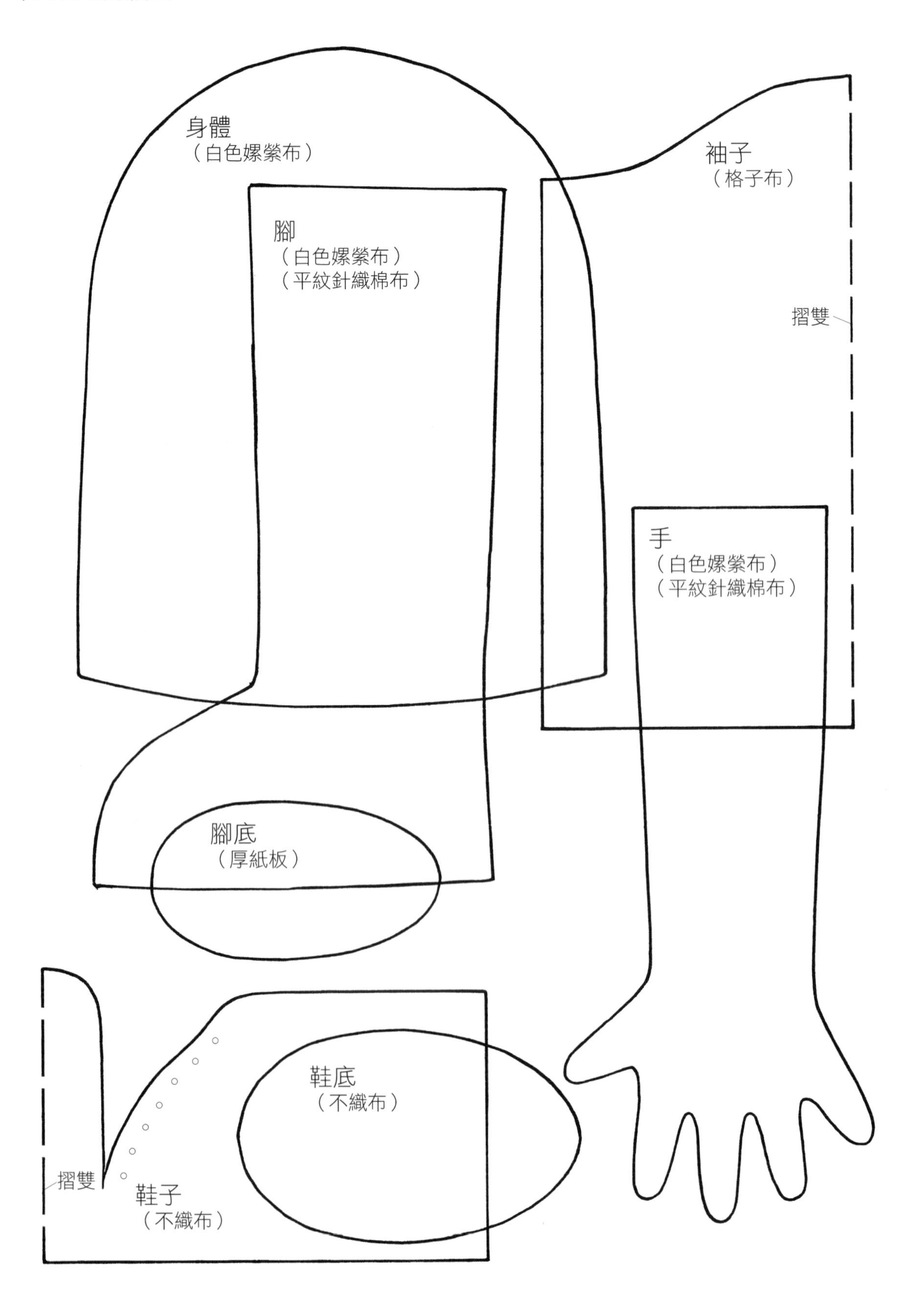
身體
（白色螺縈布）
腳
（白色螺縈布）
（平紋針織棉布）
袖子
（格子布）
摺雙
手
（白色螺縈布）
（平紋針織棉布）
腳底
（厚紙板）
鞋底
（不織布）
摺雙
鞋子
（不織布）

姿勢人形偶 Armeria & Peppermint P6至P7

★身體・臉部的材料（1人份）
白色嫘縈布21cm長×73cm寬。平紋針織棉布21cm長×52cm寬。木絲約30g。脱脂棉約40g。化纖棉少許。厚紙板5cm×10cm。14號鐵絲28cm與25cm×各1根。16號鋁線20cm長×2根。眼睛布。25號繡線（口用・粉紅色）。

★衣服・頭髮
Armeria 白色府綢22cm長×92cm寬。花朵印花布26cm長×100cm寬。粉紅色蕾絲布17cm長×18cm寬。白色棉蕾絲（2.5cm寬）80cm。緞帶（0.8cm寬）56cm。藍灰色木棉布（鞋用）12cm長×20cm寬。超極細毛線約8g。

Peppermint 白色府綢22cm長×92cm寬。花朵印花布33cm×110cm。嫩綠色木棉布（身體用）18cm長×16cm寬。原色棉蕾絲（3cm寬）80cm。白色化纖蕾絲（1.5cm寬・領用）13cm。煙燻綠木棉布（鞋用）12cm長×20cm寬。超極細毛線約12g。

★裝飾配件
Armeria 串珠（特小・粉紅色）約90個、（小圓・白色）約20個。水鑽（0.4cm）2個。串珠用鐵絲25cm。25號繡線（胸針&髮飾用）。薄布襯2cm×4cm。

Peppermint 串珠（特小・深綠色）約20個、（特小・淺綠色）約120個、（小圓・白色）約30個。水鑽（0.4cm）1個。串珠用鐵絲25cm。25號繡線（胸針&髮飾用）。薄布襯2cm×2cm。

★紙型參見P46。

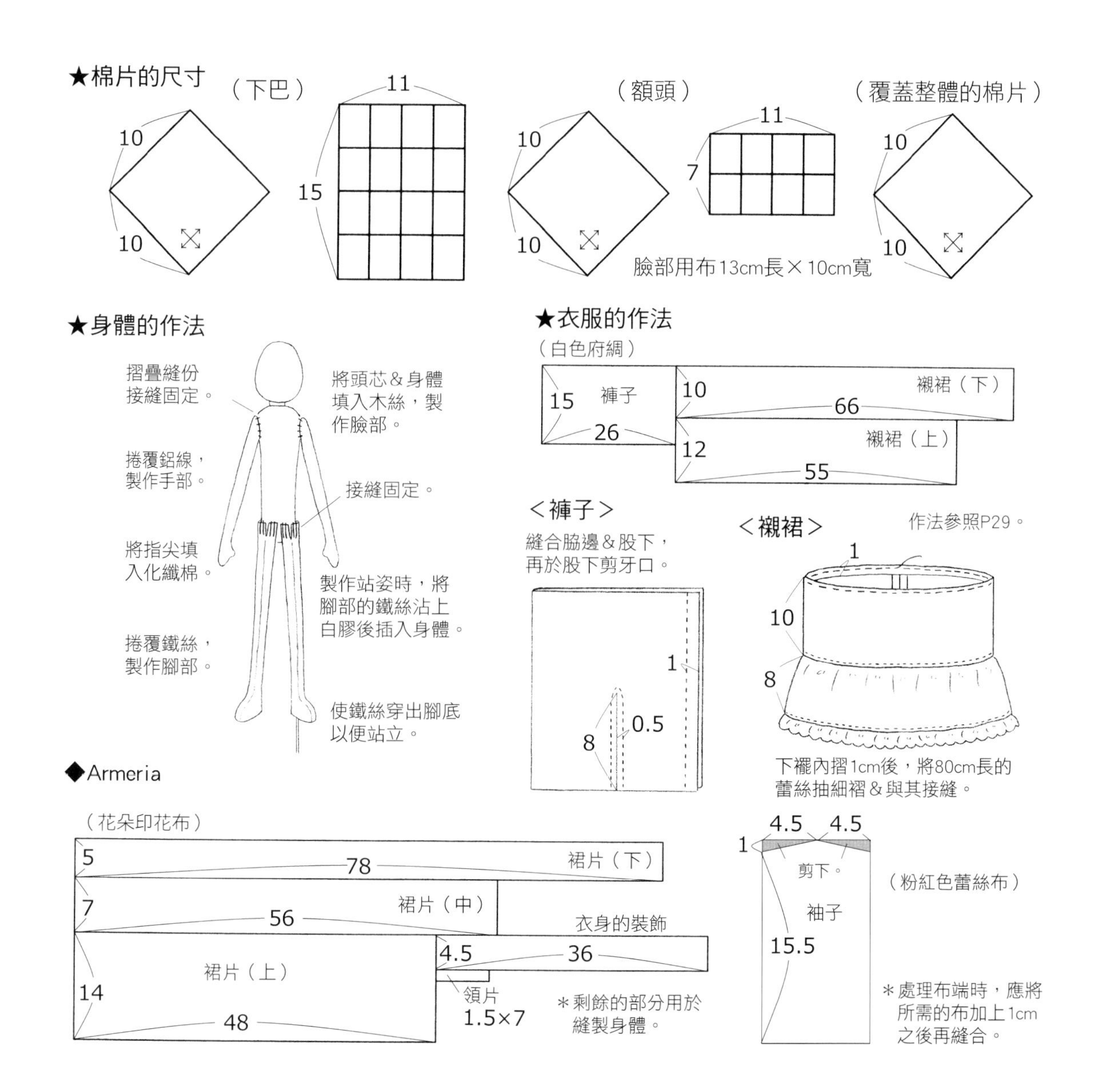

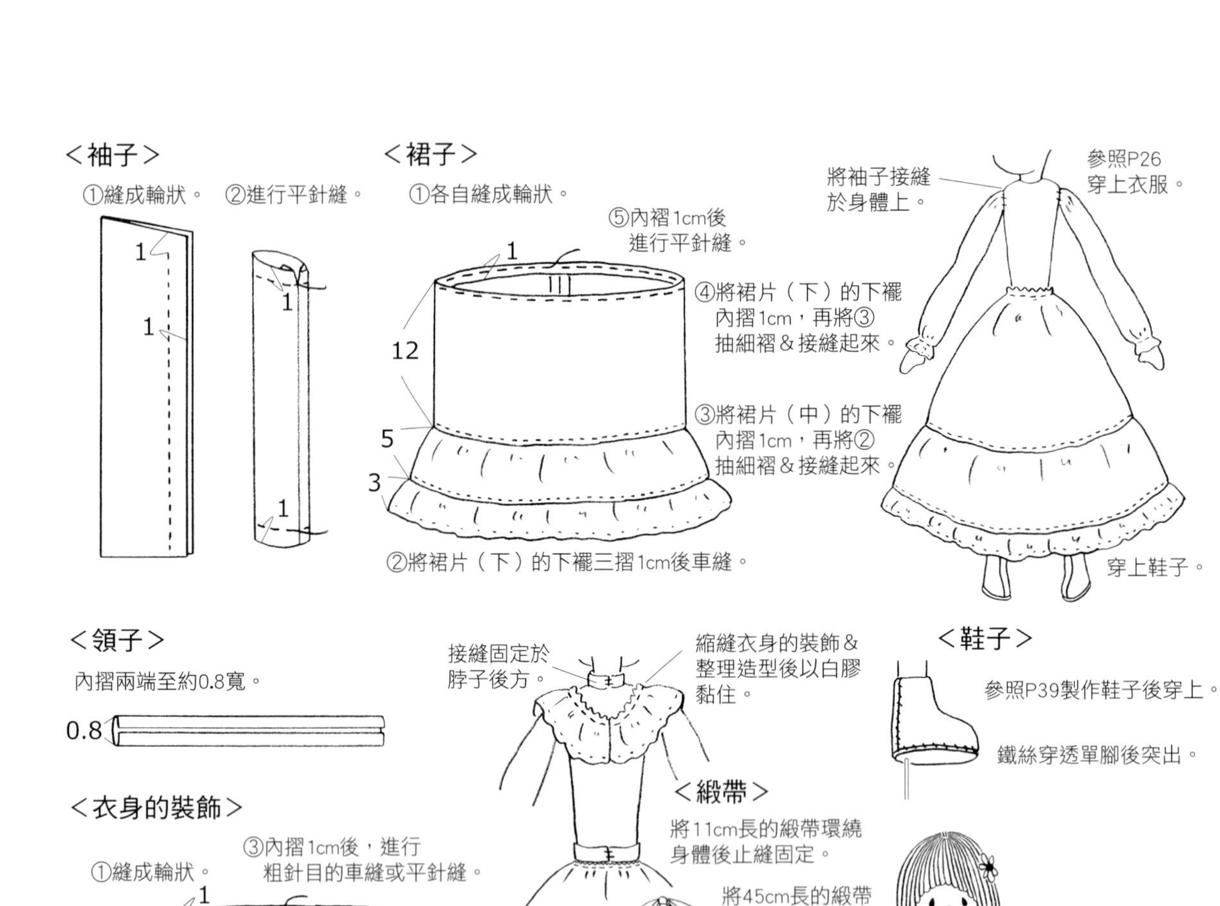

＜領子＞

內摺兩端至約0.8寬。

0.8

接縫固定於
脖子後方。

縮縫衣身的裝飾＆
整理造型後以白膠
黏住。

＜鞋子＞

參照P39製作鞋子後穿上。

鐵絲穿透單腳後突出。

＜衣身的裝飾＞

①縫成輪狀。

③內摺1cm後，進行
粗針目的車縫或平針縫。

1

2.5

②三摺1cm後車縫。

＜緞帶＞

將11cm長的緞帶環繞
身體後止縫固定。

將45cm長的緞帶
打成蝴蝶結後，
以線止縫固定。

完成！

以白膠
貼上胸針。

★縫上頭髮

超極細毛線
約25cm×800根

①止縫於頭頂。

②以白膠黏貼。

③修剪。

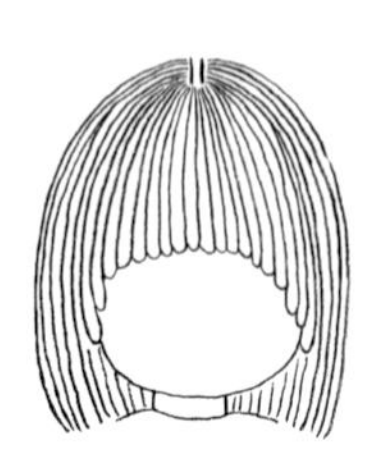

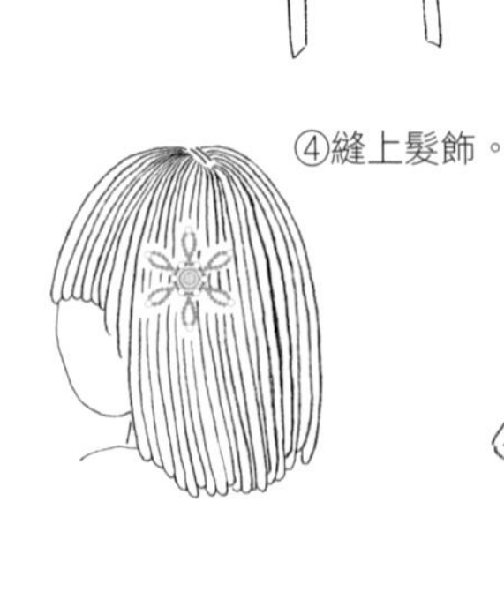

④縫上髮飾。

以木頭等當底座，
再以尖錐鑽洞後
插入腳底鐵絲，
當成裝飾。

＜串珠配飾＞

◆胸針

①各取6個小圓串珠＆特小串珠，
交錯穿入線內（使用2股繡線）。

②最後，將第一個串珠
再次穿入尾線，將線
拉緊。

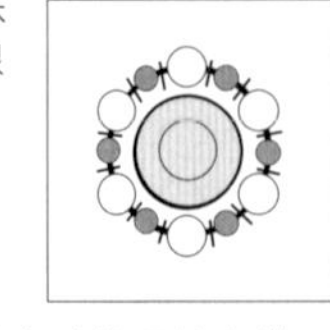

④將串珠②環繞水鑽，
再在串珠與串珠之間手縫固定。

⑤預留0.5cm
後裁成圓形。

⑥將預留部分摺至
背面以白膠黏住。

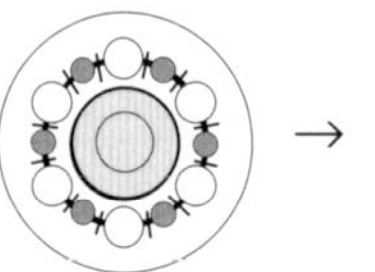

③以白膠將水鑽
貼在薄布襯的
中間。

◆髮飾

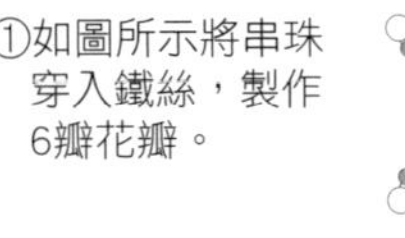

①如圖所示將串珠
穿入鐵絲，製作
6瓣花瓣。

②再製作一個胸針，
以白膠黏在中間。

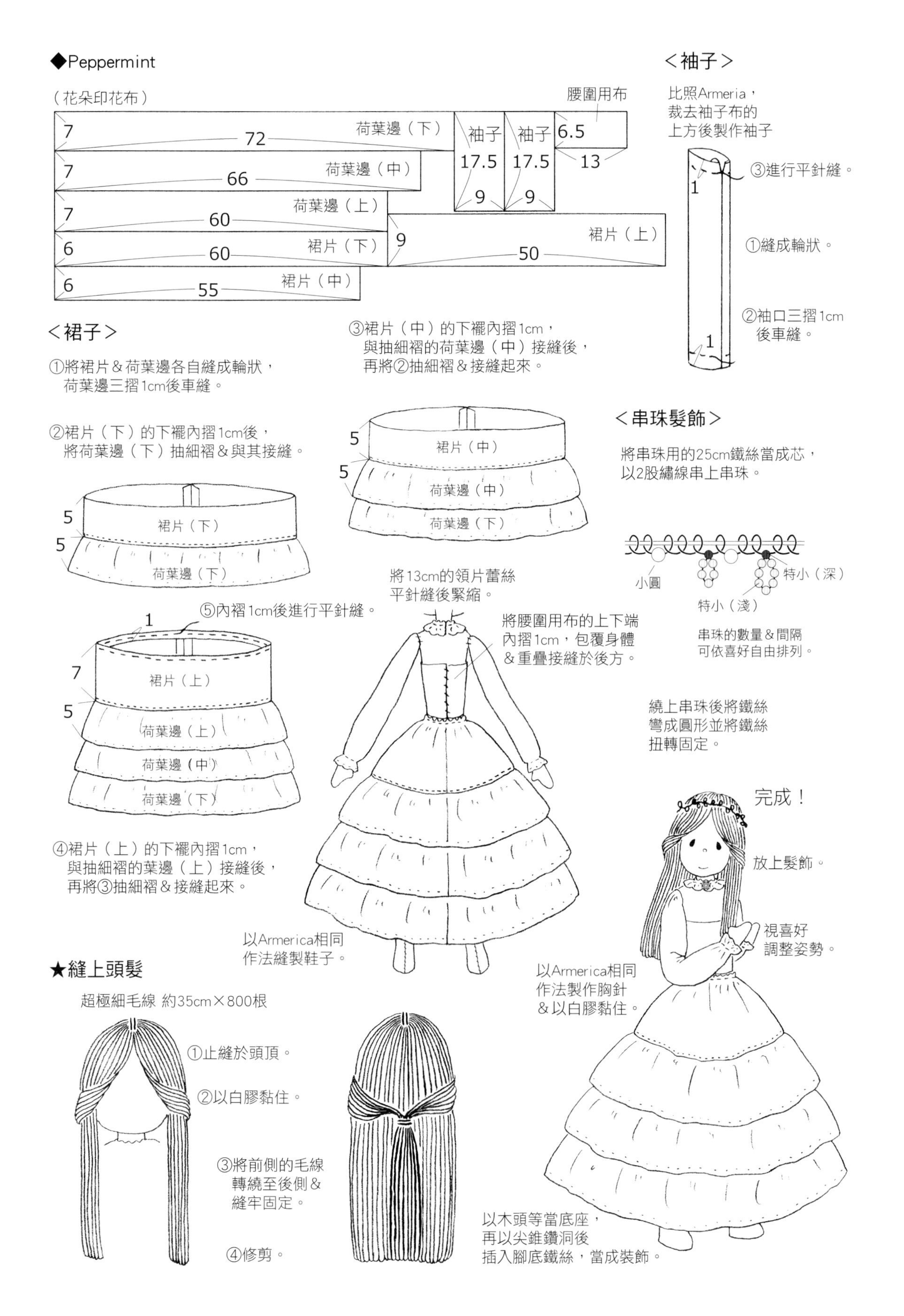
◆Peppermint
（花朵印花布）
腰圍用布
7
72
荷葉邊（下）
7
66
荷葉邊（中）
7
60
荷葉邊（上）
6
60
裙片（下）
6
55
裙片（中）
袖子
17.5
9
袖子
17.5
9
6.5
13
9
50
裙片（上）
＜袖子＞
比照Armeria，
裁去袖子布的
上方後製作袖子
③進行平針縫。
1
①縫成輪狀。
②袖口三摺1cm
後車縫。
1
＜裙子＞
①將裙片＆荷葉邊各自縫成輪狀，
荷葉邊三摺1cm後車縫。
②裙片（下）的下襬內摺1cm後，
將荷葉邊（下）抽細褶＆與其接縫。
5
5
裙片（下）
荷葉邊（下）
③裙片（中）的下襬內摺1cm，
與抽細褶的荷葉邊（中）接縫後，
再將②抽細褶＆接縫起來。
5
5
裙片（中）
荷葉邊（中）
荷葉邊（下）
⑤內褶1cm後進行平針縫。
1
7
5
裙片（上）
荷葉邊（上）
荷葉邊（中）
荷葉邊（下）
④裙片（上）的下襬內摺1cm，
與抽細褶的葉邊（上）接縫後，
再將③抽細褶＆接縫起來。
將13cm的領片蕾絲
平針縫後緊縮。
將腰圍用布的上下端
內摺1cm，包覆身體
＆重疊接縫於後方。
以Armerica相同
作法縫製鞋子。
＜串珠髮飾＞
將串珠用的25cm鐵絲當成芯，
以2股繡線串上串珠。
小圓
特小（深）
特小（淺）
串珠的數量＆間隔
可依喜好自由排列。
繞上串珠後將鐵絲
彎成圓形並將鐵絲
扭轉固定。
完成！
放上髮飾。
視喜好
調整姿勢。
以Armerica相同
作法製作胸針
＆以白膠黏住。
以木頭等當底座，
再以尖錐鑽洞後
插入腳底鐵絲，當成裝飾。
★縫上頭髮
超極細毛線 約35cm×800根
①止縫於頭頂。
②以白膠黏住。
③將前側的毛線
轉繞至後側＆
縫牢固定。
④修剪。

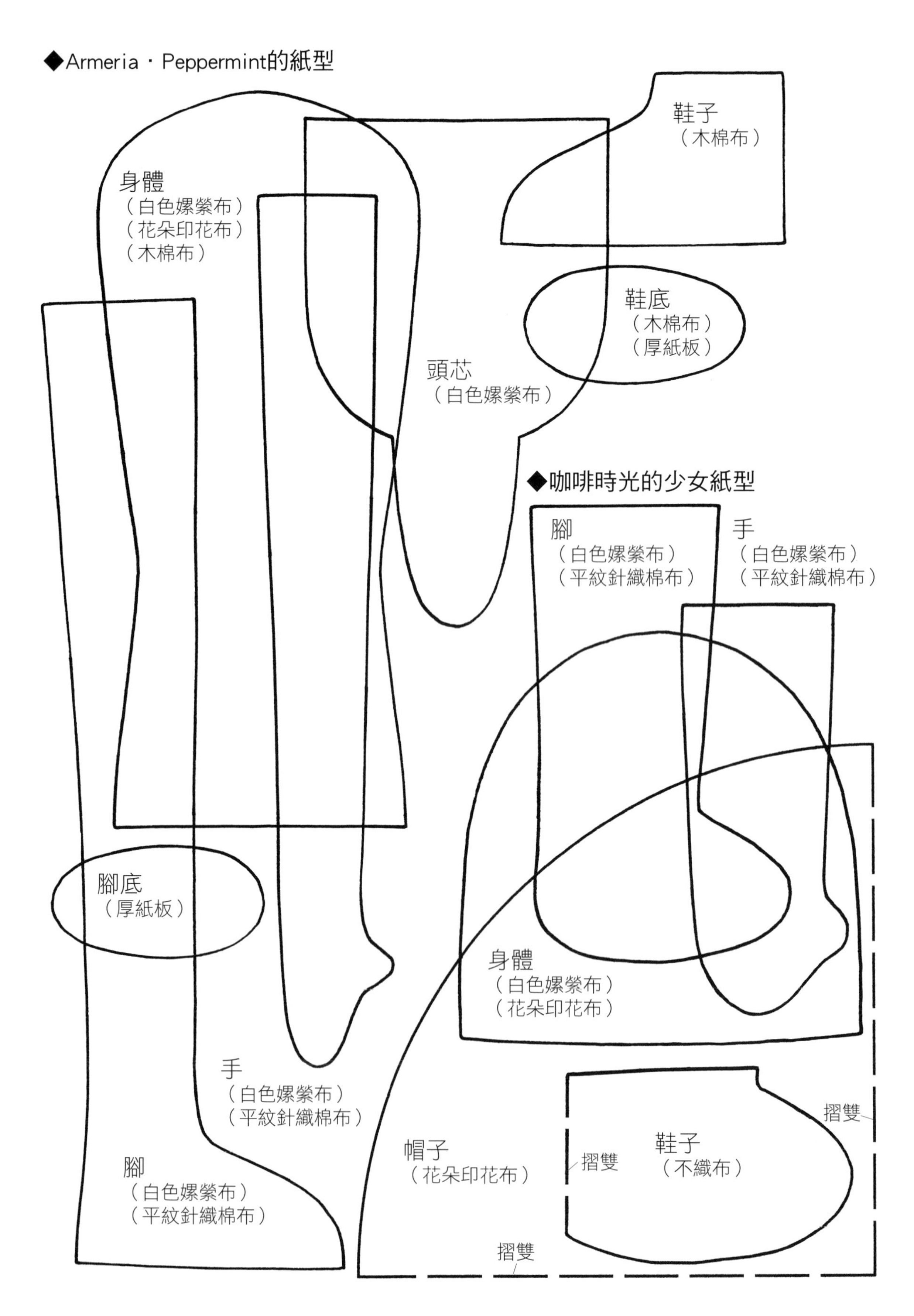
◆Armeria・Peppermint的紙型
身體
（白色嫘縈布）
（花朵印花布）
（木棉布）
鞋子
（木棉布）
鞋底
（木棉布）
（厚紙板）
頭芯
（白色嫘縈布）
腳底
（厚紙板）
手
（白色嫘縈布）
（平紋針織棉布）
腳
（白色嫘縈布）
（平紋針織棉布）
◆咖啡時光的少女紙型
腳
（白色嫘縈布）
（平紋針織棉布）
手
（白色嫘縈布）
（平紋針織棉布）
身體
（白色嫘縈布）
（花朵印花布）
帽子
（花朵印花布）
鞋子
（不織布）
摺雙
摺雙
摺雙

完成尺寸
Madeleine 身長23cm
Mocha、Milk 座高16cm

咖啡時光的少女
可抱式人形偶 Madeleine P12
姿勢人形偶 Mocha、Milk P13

★身體・臉部的材料（1人份）
可抱式人形偶Madeleine
白色嫘縈布15cm長×81cm寬。平紋針織棉布17cm長×55cm寬。木絲約40g。脫脂棉約40g。化纖棉約5g。眼睛布。25號繡線（口用・粉紅色）。
姿勢人形偶Mocha、Milk
同Madeleine，另需14號鐵絲11cm長×2根。16號鋁線9cm長×2根。

★衣服（3人通用）
花朵印花布26cm長×86cm寬。白色織帶（1.3cm寬・領用）10cm。0.5cm圓釦×2個。不織布8cm長×12cm寬。25號繡線（鞋用＆髮用）。
★頭髮
Madeleine 圈圈紗（粗）約15g。
Mocha 中細毛海約15g。
Milk 中細毛海約25g。
★紙型參見P46（頭芯參見P39）。

◆Madeleine

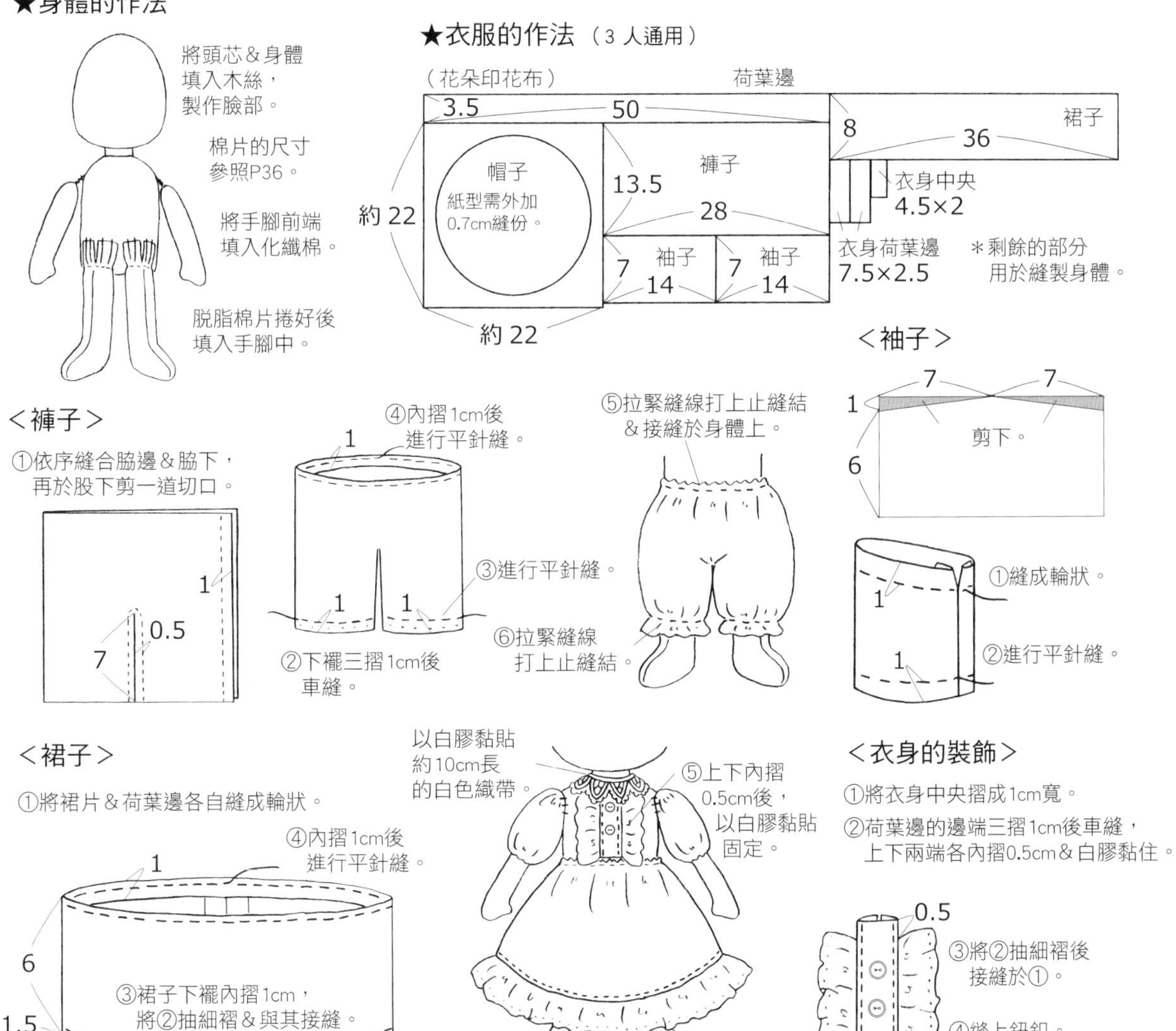

★縫上頭髮

圈圈紗 A 約55cm長×12根
　　　 B 約35cm長×50根

①將A、B置於頭頂縫牢固定。

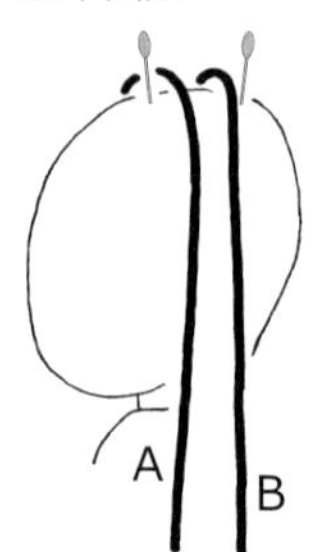

②參照P27以白膠黏住。

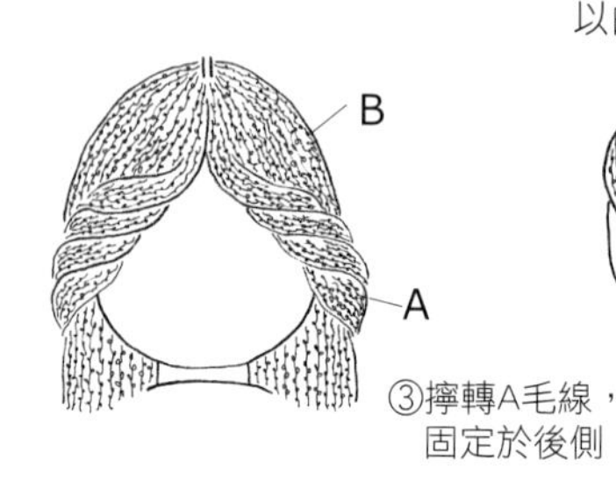

④整理前額的頭髮，以白膠黏住。

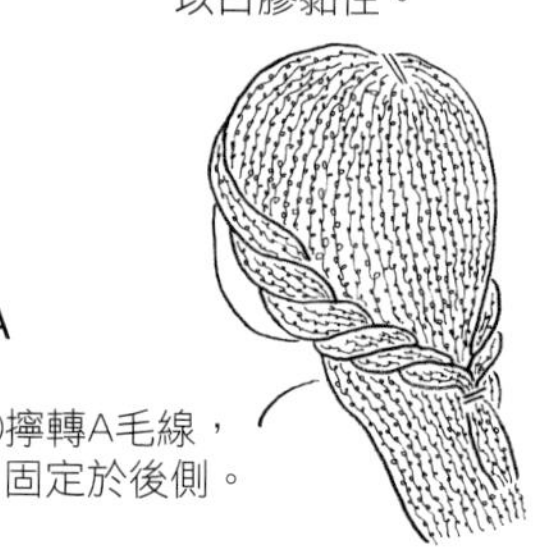

③擰轉A毛線，固定於後側。

⑤依喜好修剪長度。

<帽子>

①將0.7cm的縫份摺三褶後車縫。

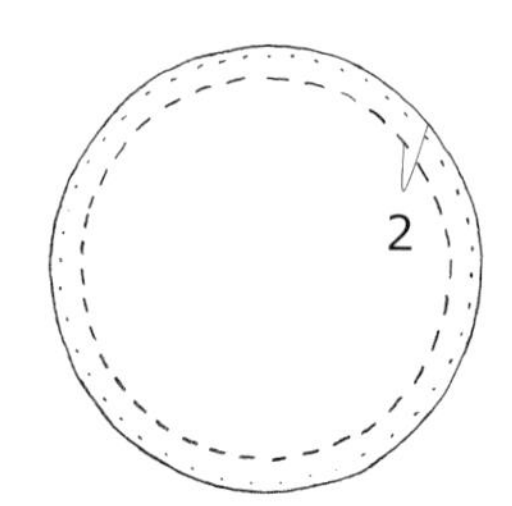

②距邊2cm處以粗針目車縫或進行平針縫。

完成！

戴上帽子，拉緊縫線&打上止縫結

穿上鞋子。

◆Mocha與Milk（姿勢人形偶）

★身體的作法

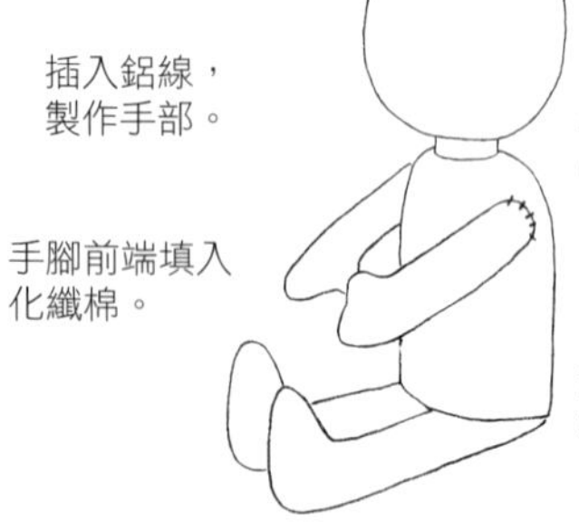

臉部&身體的作法同Madeleine。

插入鋁線，製作手部。

參照P37裝上手腳。

手腳前端填入化纖棉。

捲覆鐵絲，製作腳部。

<鞋子>

依紙型裁剪不織布&取2股繡線進行捲針縫。

摺雙

★縫上頭髮

Mocha　中細毛海約80cm長×60根

①參照P37固定毛線。

②以漿糊黏貼前額的頭髮後進行修剪。

③將毛線一分為二，綁成辮子。

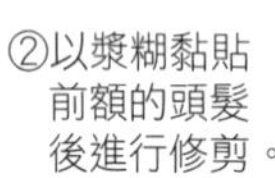

完成！

Milk　中細毛海約30cm長×140根

①縫牢固定。

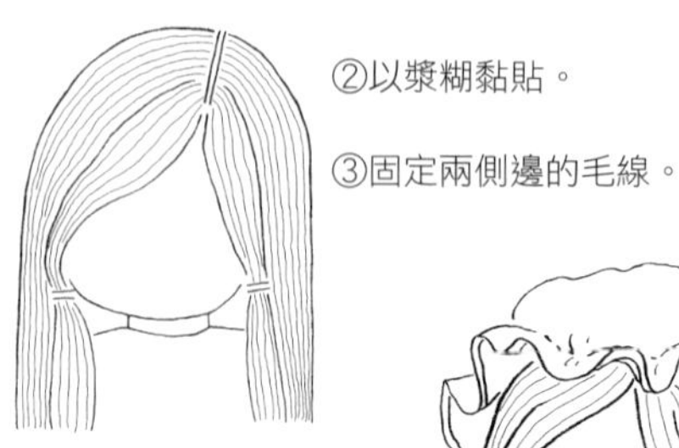

②以漿糊黏貼。

③固定兩側邊的毛線。

④依喜好修剪長度。

依喜好調整姿勢。

完成！

可抱式人形偶　Lilina　P9

★身體・臉部的材料

白色嫘縈布34cm長×77cm寬。平紋針織棉布20cm長×74cm寬。木絲約75g。脱脂棉約75g。化纖棉約6g。厚紙板6cm×6cm。眼睛布。25號繡線（口用・粉紅色）。

★衣服・頭髮

白色府綢33cm長×84cm。格子木棉布25cm長×89cm寬。粉紅色木棉布20cm長×84cm寬。白色棉蕾絲（3cm寬）110cm。布襯7cm×10cm。不織布14cm×20cm。25號繡線（鞋用）。極細毛線約35g。

★紙型參見P30，與Sumire相同。

完成尺寸　身長33cm

★衣服的作法

＊身體、褲子、襯裙、袖子、領片請比照基本款Sumire製作。

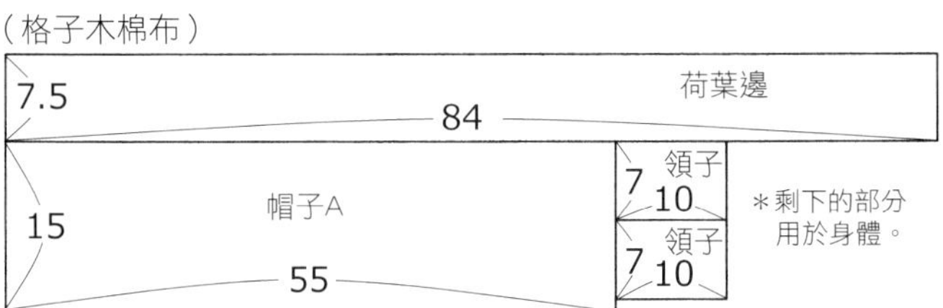

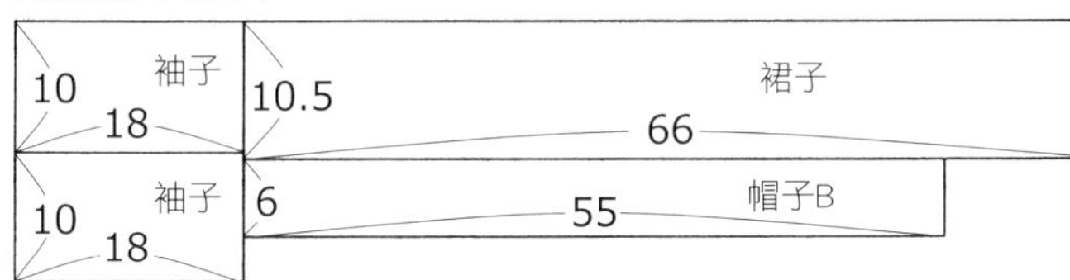

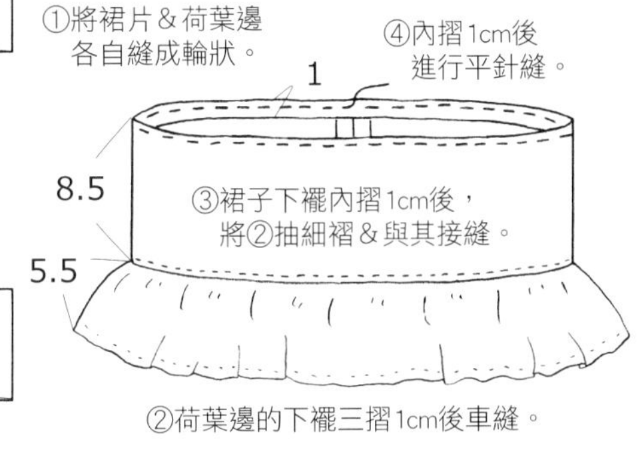

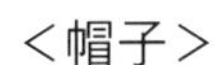

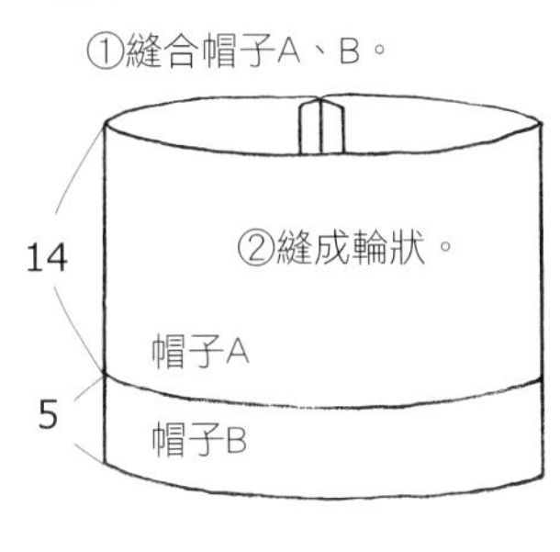

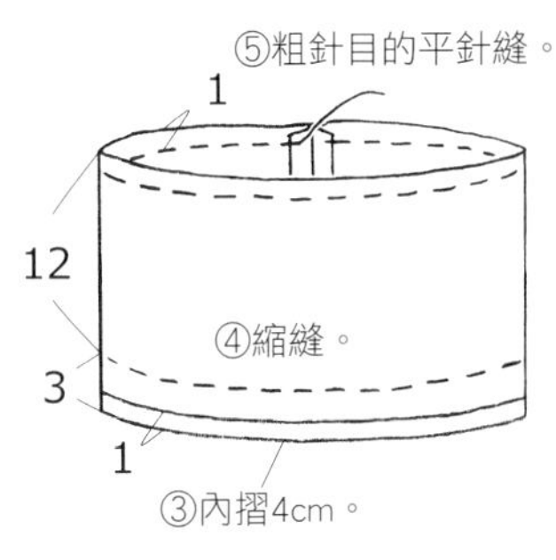

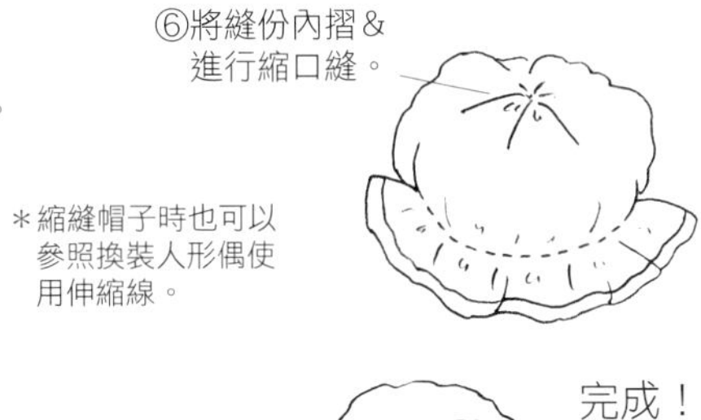

★縫上頭髮

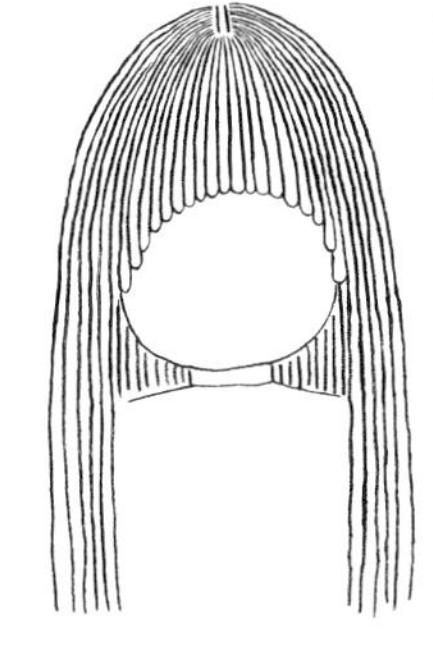

完成尺寸 身長26cm

★紙型參見P52（頭芯參見P39）。

可抱式人形偶

Lavender · Chamomile P10至P 11

★身體 · 臉部的材料（1人份）
白色嫘縈布15cm長×85m寬。平紋針織棉布17cm長×59m寬。木絲約40g。脫脂棉約40g。化纖棉約5g。眼睛布。25號繡線（口用・粉紅色）。

★衣服 · 頭髮
Lavender 白色府綢10cm長×68cm寬。白色皺褶棉蕾絲（2cm寬）40cm。淺紫色條紋綢布19cm長×82cm寬。淺紫色棉蕾絲帶（1.2cm寬・衣身用）36cm。白色化纖蕾絲（1.8cm寬・領用）18cm。不織布10cm×13cm。25號繡線（鞋用）。極細毛線約20g。麥桿編織帽（帽簷直徑約13cm，內側直徑約7cm）1頂。羅紋織帶（1.5cm寬）75cm。喜歡的人造花。

Chamomile 白色府綢10cm長×68cm寬。白色皺褶棉蕾絲（2cm寬）40cm。原色綢布18cm長×72cm寬。原色皺褶棉蕾絲（5cm寬）42cm。白色化纖蕾絲（1cm寬・領用）14cm。不織布10cm×13cm。25號繡線（鞋用・衣服用）。極細毛海約25g。串珠（特小・奶油色）約30顆。喜歡的人造花。

★身體的作法

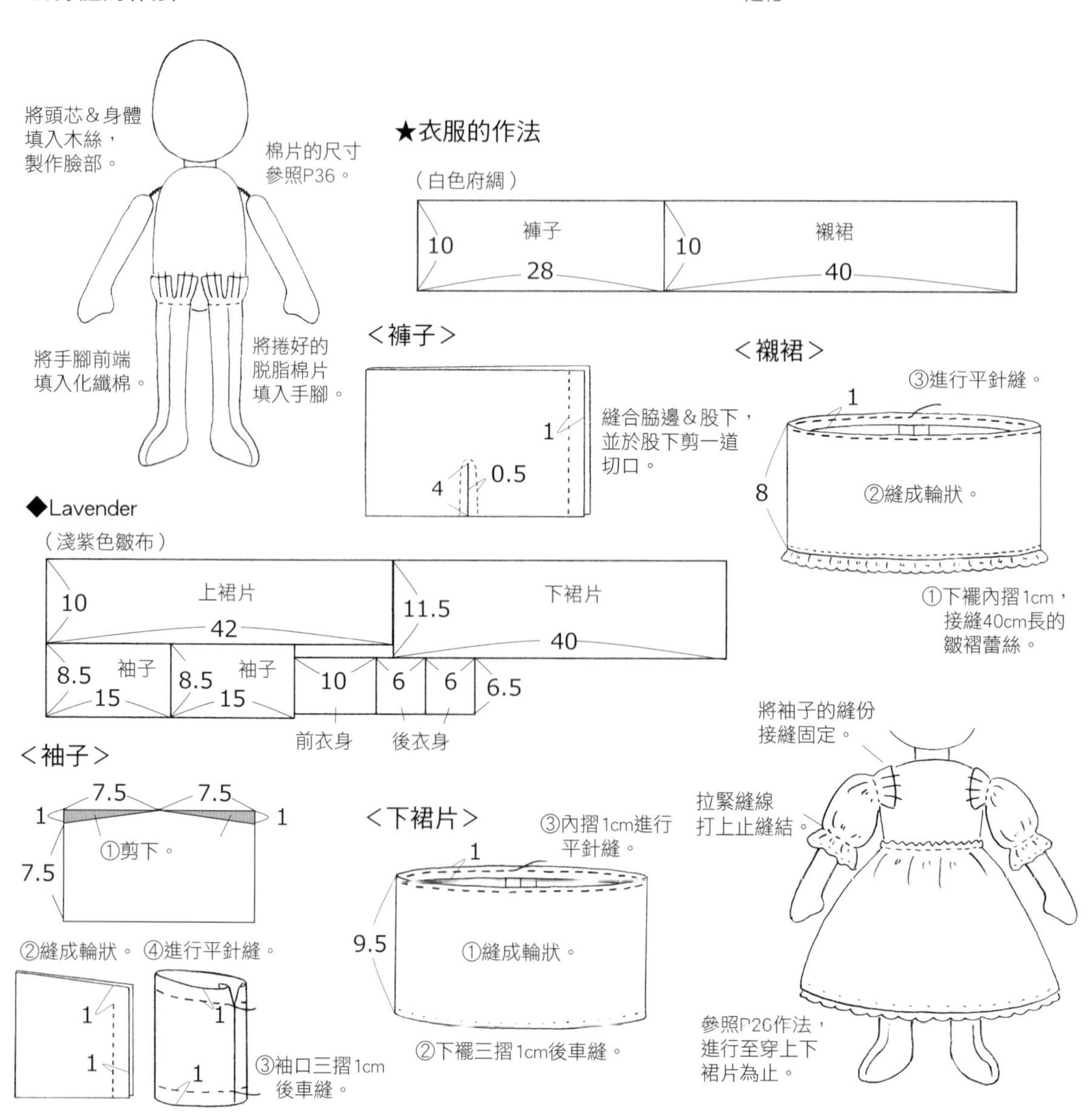

<上裙片&衣身>

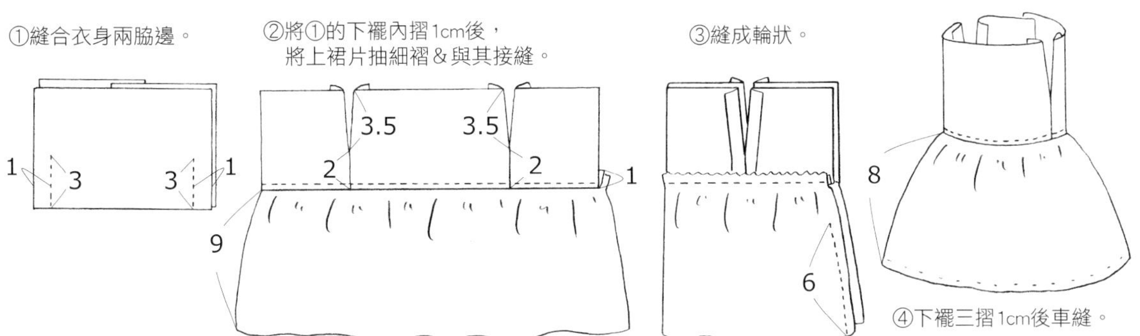

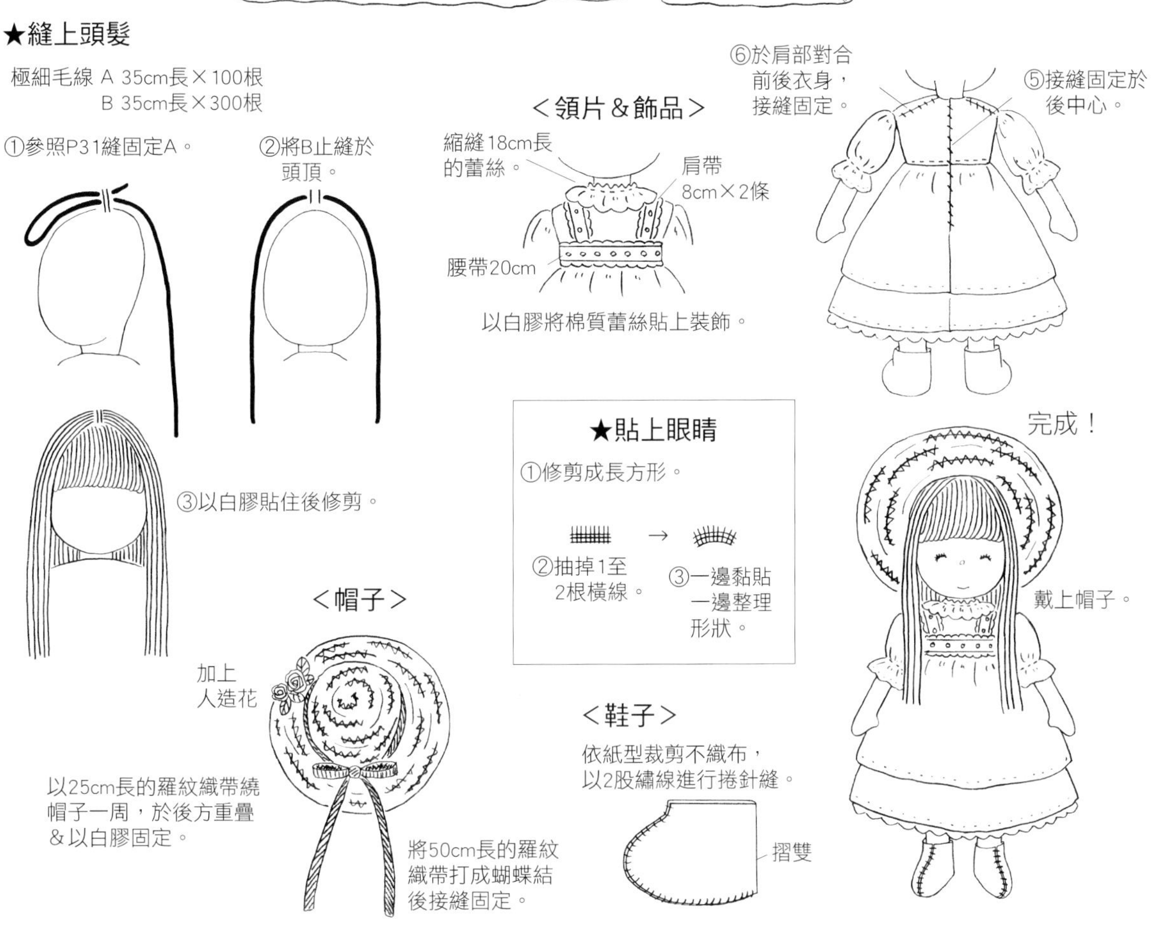

◆Chamomile

（原色綿布）

上裙片 6.5 × 42

下裙片 11.5 × 40

袖子 8.5 × 15

袖子 8.5 × 15

前衣身 10 × 6

後衣身 6 × 6.5

＊袖子&下裙片參照Lavender作法製作。

<上裙片&衣身>

製作步驟與Lavender相同。

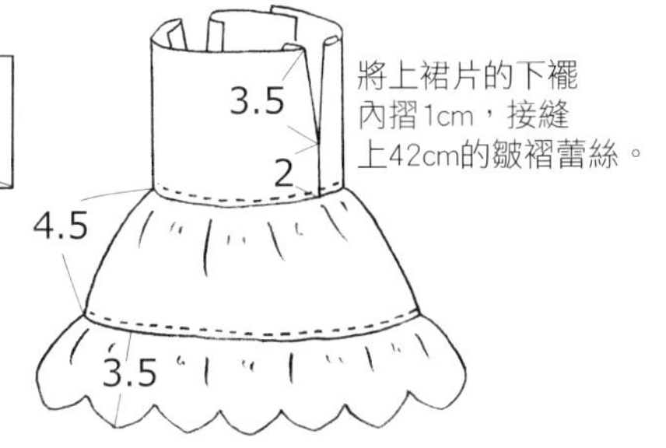

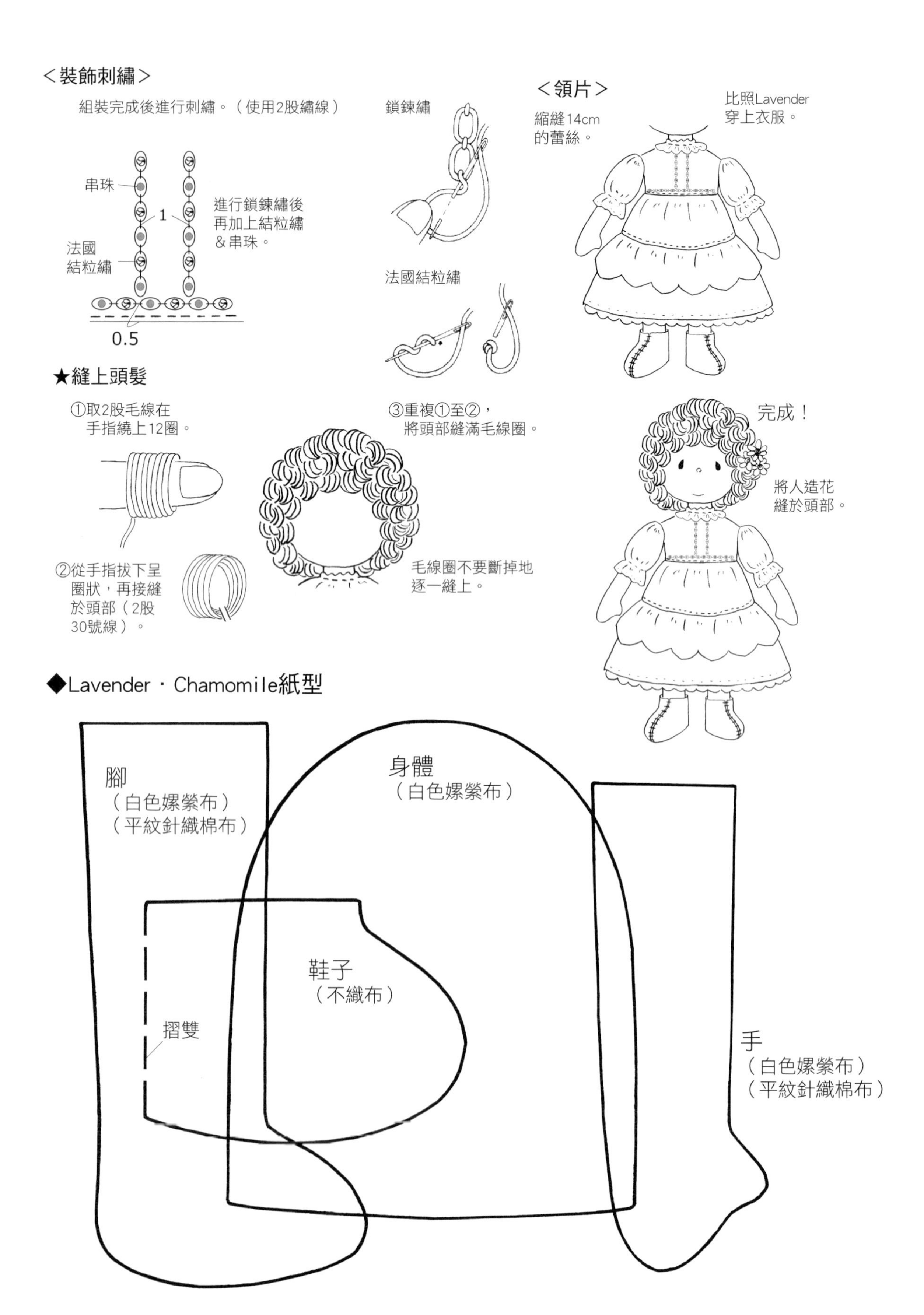
＜裝飾刺繡＞
組裝完成後進行刺繡。（使用2股繡線）
串珠
1
法國
結粒繡
0.5
進行鎖鍊繡後
再加上結粒繡
＆串珠。
鎖鍊繡
法國結粒繡
＜領片＞
縮縫14cm
的蕾絲。
比照Lavender
穿上衣服。
★縫上頭髮
①取2股毛線在
手指繞上12圈。
②從手指拔下呈
圈狀，再接縫
於頭部（2股
30號線）。
③重複①至②，
將頭部縫滿毛線圈。
毛線圈不要斷掉地
逐一縫上。
完成！
將人造花
縫於頭部。
◆Lavender・Chamomile紙型
腳
（白色嫘縈布）
（平紋針織棉布）
身體
（白色嫘縈布）
鞋子
（不織布）
摺雙
手
（白色嫘縈布）
（平紋針織棉布）

完成尺寸 身長22cm

人形小玩偶

Sora、Miyu、Mako P18至P19

★身體・臉部的材料（1人份）
白色嫘縈布15cm長×24m寬。平紋針織棉布16cm長×18m寬。木絲約15g。脱脂棉約20g。化纖棉約20g。眼睛布。25號繡線（口用・粉紅色）。

★衣服・頭髮（3人通用）
白色府綢8cm長×20cm寬。不織布8cm長×11cm寬。25號繡線（鞋用）。

Miyu 花朵印花布17cm長×84cm寬。白色棉蕾絲（7cm長・圍裙＆衣身用）53cm。白色織帶（0.6cm寬・領用）8cm。緞帶（0.5cm寬）14cm。極細毛海約6g。

Mako 花朵印花布（紅色）17cm長×72cm寬。花朵印花布（米色）16cm長×46cm寬。蕾絲花片1個。極細毛海約8g。

Sora 花朵印花布（藍色）17cm長×72cm寬。花朵印花布（白色）11cm長×55cm寬。白色化纖蕾絲（1.2cm寬・領用）15cm。極細毛線12g。

★紙型參見P55。

★棉片的尺寸

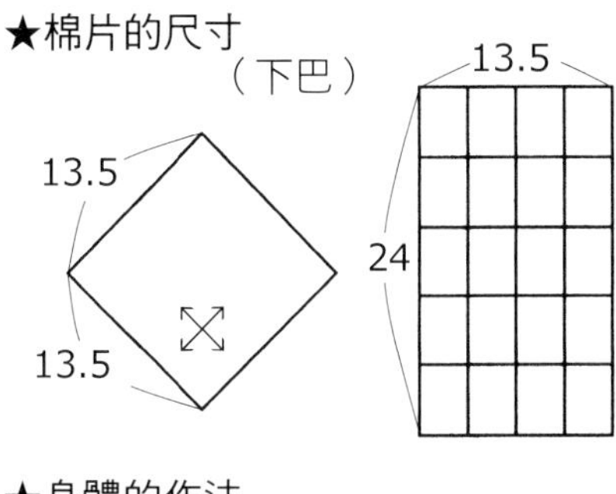

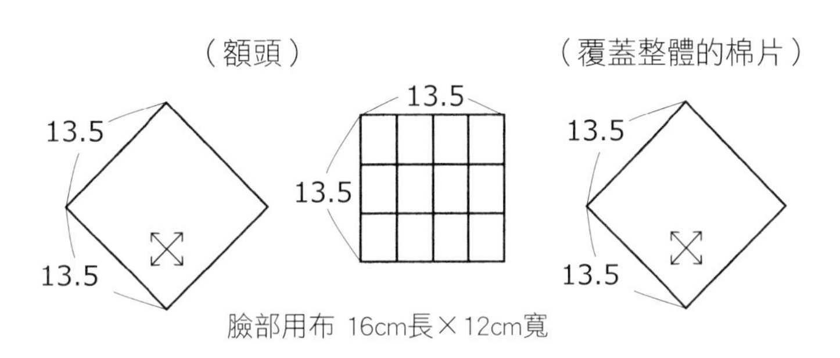

臉部用布 16cm長×12cm寬

★身體的作法

◆製作身體

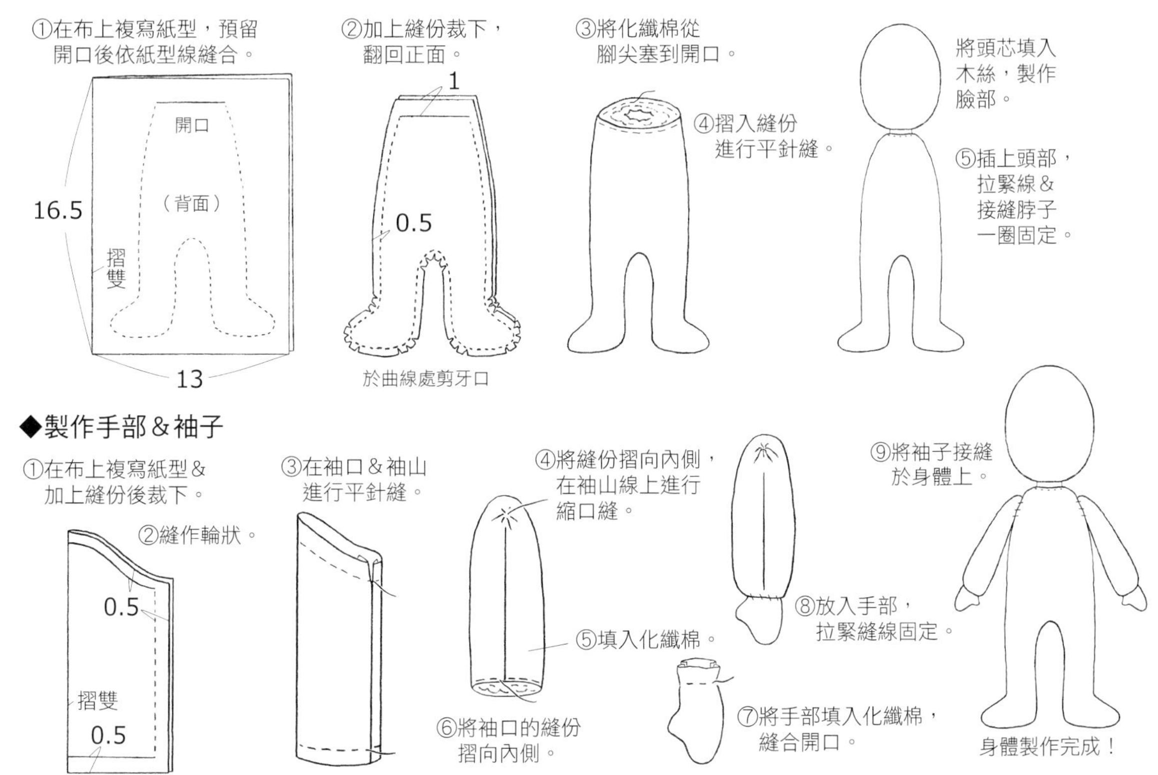

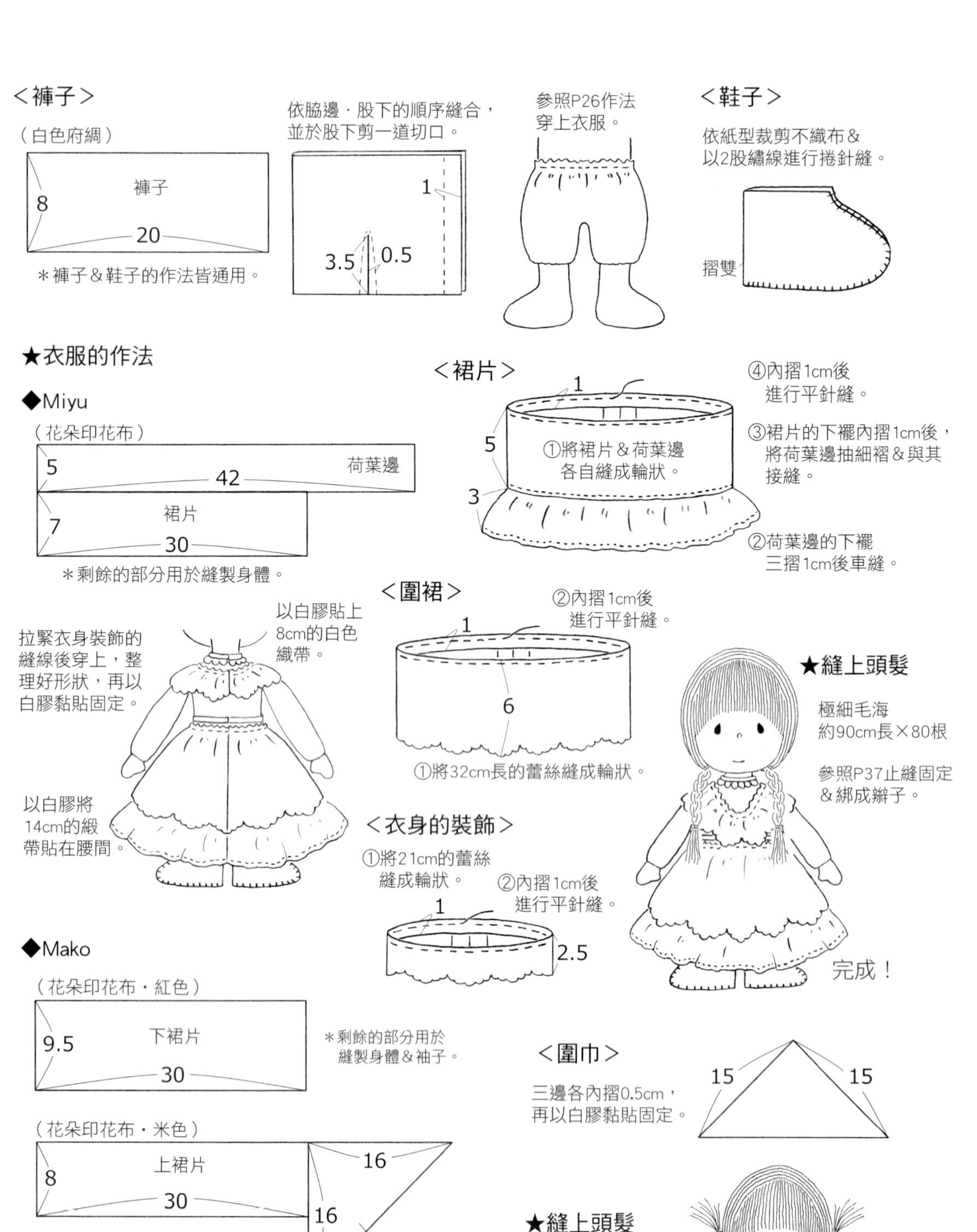
<褲子>
（白色府綢）
褲子
8
20
＊褲子＆鞋子的作法皆通用。
依脇邊・股下的順序縫合，
並於股下剪一道切口。
1
3.5
0.5
參照P26作法
穿上衣服。
<鞋子>
依紙型裁剪不織布＆
以2股繡線進行捲針縫。
摺雙
★衣服的作法
◆Miyu
（花朵印花布）
5
42
荷葉邊
7
裙片
30
＊剩餘的部分用於縫製身體。
<裙片>
1
5
3
①將裙片＆荷葉邊
各自縫成輪狀。
④內摺1cm後
進行平針縫。
③裙片的下襬內摺1cm後，
將荷葉邊抽細褶＆與其
接縫。
②荷葉邊的下襬
三摺1cm後車縫。
拉緊衣身裝飾的
縫線後穿上，整
理好形狀，再以
白膠黏貼固定。
以白膠貼上
8cm的白色
織帶。
以白膠將
14cm的緞
帶貼在腰間。
<圍裙>
1
②內摺1cm後
進行平針縫。
6
①將32cm長的蕾絲縫成輪狀。
<衣身的裝飾>
①將21cm的蕾絲
縫成輪狀。
②內摺1cm後
進行平針縫。
1
2.5
★縫上頭髮
極細毛海
約90cm長×80根
參照P37止縫固定
＆綁成辮子。
完成！
◆Mako
（花朵印花布・紅色）
9.5
下裙片
30
＊剩餘的部分用於
縫製身體＆袖子。
<圍巾>
三邊各內摺0.5cm，
再以白膠黏貼固定。
15
15

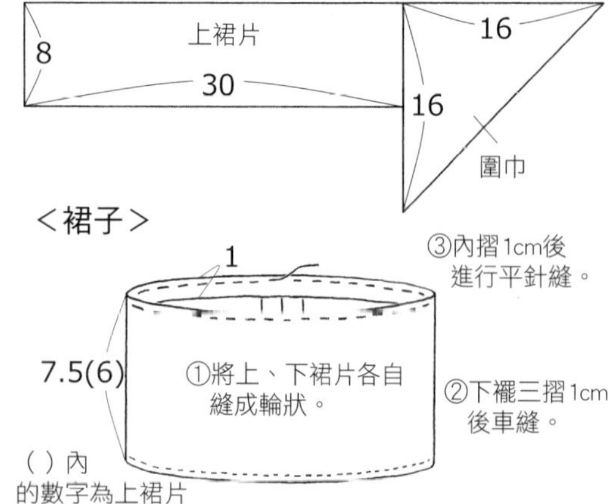
（花朵印花布・米色）
8
上裙片
30
16
16
圍巾
<裙子>
1
③內摺1cm後
進行平針縫。
7.5(6)
①將上、下裙片各自
縫成輪狀。
②下襬三摺1cm
後車縫。
（ ）內
的數字為上裙片

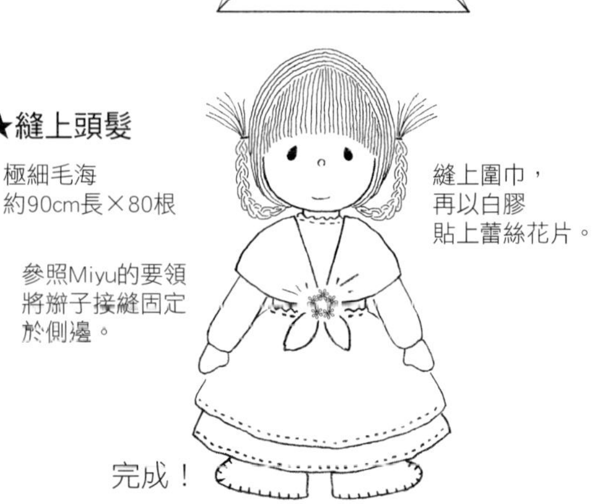
★縫上頭髮
極細毛海
約90cm長×80根
參照Miyu的要領
將辮子接縫固定
於側邊。
縫上圍巾，
再以白膠
貼上蕾絲花片。
完成！

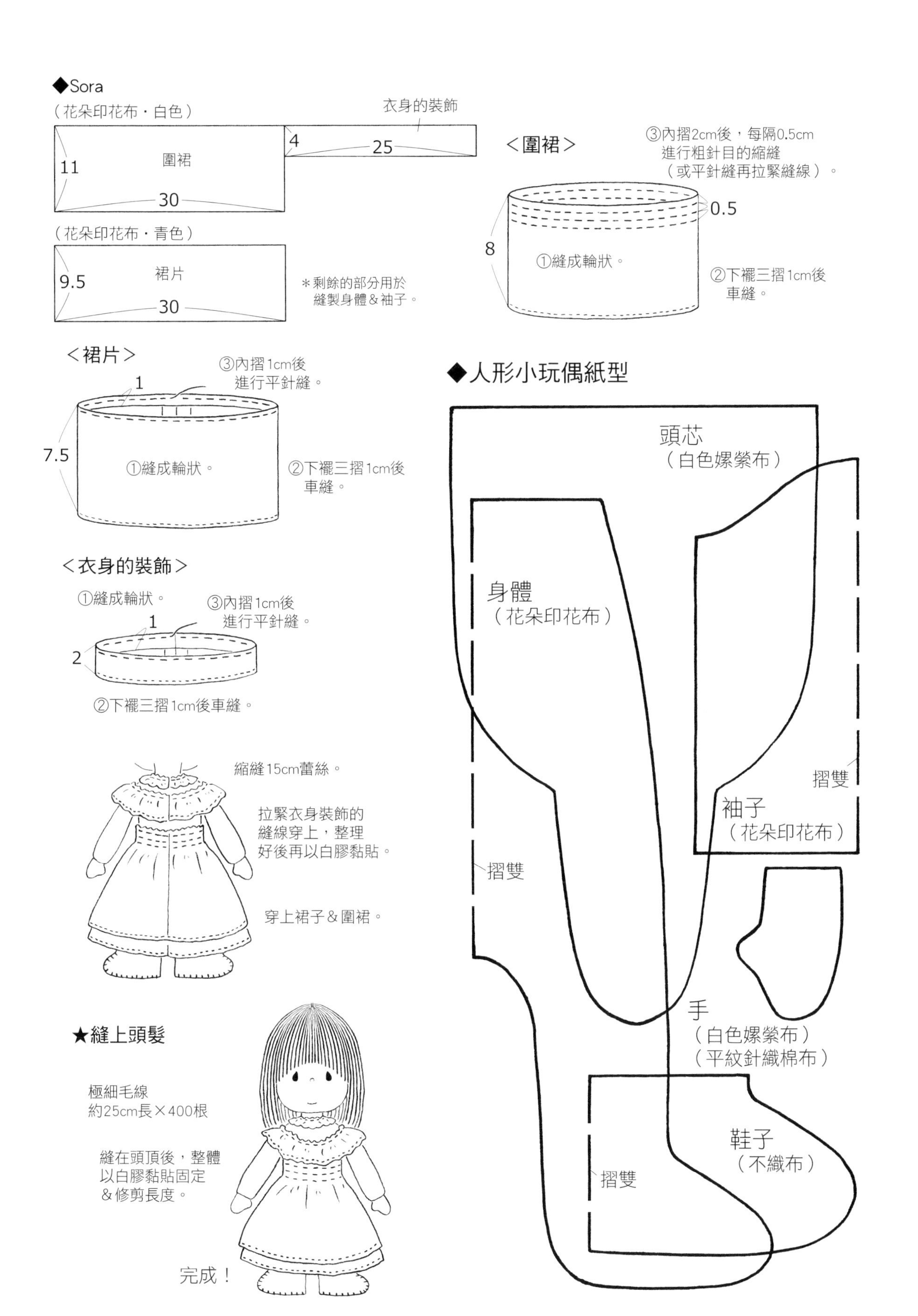
◆Sora
（花朵印花布・白色）
衣身的裝飾
4
25
11
圍裙
30
（花朵印花布・青色）
9.5
裙片
30
＊剩餘的部分用於
縫製身體＆袖子。
<圍裙>
③內摺2cm後，每隔0.5cm
進行粗針目的縮縫
（或平針縫再拉緊縫線）。
0.5
8
①縫成輪狀。
②下襬三摺1cm後
車縫。
<裙片>
③內摺1cm後
進行平針縫。
1
7.5
①縫成輪狀。
②下襬三摺1cm後
車縫。
<衣身的裝飾>
①縫成輪狀。
③內摺1cm後
進行平針縫。
1
2
②下襬三摺1cm後車縫。
縮縫15cm蕾絲。
拉緊衣身裝飾的
縫線穿上，整理
好後再以白膠黏貼。
穿上裙子＆圍裙。
★縫上頭髮
極細毛線
約25cm長×400根
縫在頭頂後，整體
以白膠黏貼固定
＆修剪長度。
完成！
◆人形小玩偶紙型
頭芯
（白色嫘縈布）
身體
（花朵印花布）
摺雙
袖子
（花朵印花布）
摺雙
手
（白色嫘縈布）
（平紋針織棉布）
鞋子
（不織布）
摺雙

後記

對我而言，製作人形偶的過程充滿了「家的味道」。從協助者的過程中記住味道，再逐漸演繹出自己的風格；看似簡單，其實很難，也歷經了很長的時間。但路還很遠，今後我應該也會一點一滴累積，繼續努力下去吧！

本書的作法說明為力求初學者也能輕鬆理解，而投入了許多時間與心力撰寫。如果你能從中領略製作人形偶的樂趣，我將感到無比喜悅。

最後，由衷感謝所有參與本書出版的每一個人。

米山MARI

ドールドール網頁
http://doll-doll.o.oo7.jp/

Fun手作 106

米山MARIの
手縫可愛人形偶（暢銷版）

作　　者／米山MARI
譯　　者／瞿中蓮
發 行 人／詹慶和
選 書 人／Eliza Elegant Zeal
執行編輯／陳姿伶
編　　輯／蔡毓玲・劉蕙寧・黃璟安
封面設計／鯨魚工作室・周盈汝
內頁排版／鯨魚工作室
美術編輯／陳麗娜・韓欣恬
出 版 者／雅書堂文化事業有限公司
發 行 者／雅書堂文化事業有限公司
郵政劃撥帳號／18225950
戶　　名／雅書堂文化事業有限公司
地　　址／220新北市板橋區板新路206號3樓
網　　址／www.elegantbooks.com.tw
電子信箱／elegant.books@msa.hinet.net
電　　話／(02)8952-4078
傳　　真／(02)8952-4084

2016年8月初版一刷
2021年8月二版一刷 定價350元

YONEYAMA MARI NO TEZUKURI NO NINGYOU

Originally published in Japan by Shufunotomo Co., Ltd.
Translation rights arranged with Shufunotomo Co., Ltd.
through Keio Cultural Enterprise Co., Ltd.

經銷／易可數位行銷股份有限公司
地址／新北市新店區寶橋路235巷6弄3號5樓
電話／(02)8911-0825　傳真／(02)8911-0801

國家圖書館出版品預行編目資料(CIP)資料

米山MARIの手縫可愛人形偶/米山MARI著；瞿中蓮譯. -- 二版. -- 新北市：雅書堂文化事業有限公司, 2021.08
面；　公分. -- (Fun手作；106)
ISBN 978-986-302-587-0(平裝)

1.玩具 2.手工藝

426.78　　110005249

STAFF
攝　　影／半田広徳
封面・版面設計／川畑工房
校　　對／安倍健一
企劃・編輯／佐久間薫
執行編輯／森信千夏（主婦之友社）

MARI
DOLL

MARI
DOLL

MARI
DOLL

MARI
DOLL